HF451697

BOTANIQUE ÉLÉMENTAIRE

DES ÉCOLES

A LA MÊME LIBRAIRIE

Petite Encyclopédie, premières notions des sciences usuelles. Les minéraux. — Les végétaux. — Les animaux. — Les métaux. — Les combustibles. — Les aliments. — Les matières textiles. — Les météores. — Les astres. — Le calendrier, par M. Maigne. Nouvelle édition, revue et complétée. 1 vol. in-12 orné de 100 gravures.. **3 fr.** »

La Science et ses découvertes expliquées à tous, ou Excursion scientifique en France, par M. E. Schnaiter, officier d'état-major. 1 vol. in-8 orné de 24 grav. 2e édit... **2 fr. 50**

Lectures sur les découvertes dans l'industrie et dans les arts, livre de lecture courante à l'usage des enfants de 12 à 15 ans, par M. Mazure, inspecteur de l'Université. 4e édition. 1 gravure. In-12 cart.. **1 fr.** »

Simples causeries agricoles, livre de lecture à l'usage des écoles, par M. Naudet, officier de l'instruction publique, maître-adjoint à l'Ecole normale de Laval. 1 vol. in-12 cart. **1 fr. 50**

Le Buffon de la jeunesse, choix des plus beaux morceaux : curiosités, mœurs et habitudes des animaux. 1 vol. in-8 orné de 8 gravures.. **2 fr. 50**

Le Buffon des écoles, choix des plus beaux morceaux pour les bibliothèques scolaires. 1 vol. in-12, 5 gravures...... **1 fr. 50**

Leçons élémentaires de *Physique*, par A. Chaillot, in-12 **0 fr. 80** Propriétés de la matière. Pesanteur. Mouvement. Leviers. Siphon. Gaz. Aérostats, etc.

Leçons d'Histoire naturelle, *Physiologie*, *Zoologie*, in-12 **0 fr. 80**

Leçons d'Histoire naturelle, *Botanique* et *Physiologie végétale*, in-12.. **0 fr. 80**

Notions élémentaires de *Physique*, à l'usage des écoles normales primaires et des maisons d'éducation, par E. Douliot, professeur. In-12, avec 9 planches.. **2 fr. 50**

SAINT-QUENTIN. — IMPRIMERIE J. MOUREAU ET FILS.

BOTANIQUE ÉLÉMENTAIRE

DES

ÉCOLES

PAR

THÉOPHILE MONGIS

PROFESSEUR

PARIS

LIBRAIRIE CLASSIQUE V. SARLIT ET Cᵉ

19, RUE DE TOURNON, 19

—

1883

AVANT-PROPOS

Les prix avaient été distribués la veille à l'école primaire, et dès les premiers jours des vacances, par un beau matin, une troupe de jeunes écoliers s'en allait folâtrer à travers la campagne.

« Tiens ! voici monsieur le maître-adjoint qui
» vient de cueillir des bouquets ! s'écria tout à coup
» Louis, l'étourdi de la bande. »

— « Je ne cueille pas de bouquets, mon ami,
» répondit le jeune instituteur qui revenait, en effet,
» de son excursion, les bras chargés de fleurs des
» champs, je récolte seulement quelques plantes
» pour les étudier et me perfectionner dans la
» science des fleurs, c'est-à-dire la botanique. »

— « Ce doit être une étude bien intéressante, ha-
» sarda Henri. »

— « Très intéressante et à la fois très utile, mes
» amis. »

« Les végétaux tiennent une si grande place dans
» l'alimentation générale, dans la médecine et dans
» l'industrie, qu'il n'est pas permis d'ignorer abso-
» lument aujourd'hui ce que sont les arbres, les
» arbustes, les fleurs qui nous entourent et à quoi

» ils peuvent être employés. Satisfaire d'ailleurs sa
» curiosité sur la manière dont les plantes naissent,
» croissent et se reproduisent, me paraît un dé-
» lassement et une récréation, bien plutôt qu'un
» travail ! »

— « Quand je serai plus avancé....., » murmura Gustave.

— « Il n'est pas besoin d'attendre plus tard, mon
» ami, si vous avez le désir de connaître les élé-
» ments de cette science, je me ferai un véritable
» plaisir de multiplier pour vous mes promenades
» botaniques et de vous communiquer le peu que je
» sais moi-même. »

— « Nous en serons, nous aussi, monsieur, » réclamèrent les écoliers.

— « Je ne demande pas mieux, mes amis, venez
» tous, nous commencerons jeudi prochain ! »

Ce qui fut dit fut fait. Le jeune instituteur sut mettre un tel attrait dans ses explications et piqua si bien la curiosité de son jeune et turbulent auditoire, que les promenades et les leçons se renouvelèrent deux fois la semaine pendant la durée des vacances, à la satisfaction de tous. Ce sont ces entretiens et ces intelligentes parties de plaisir, dont nous avons pris tâche de faire profiter nos petits amis des écoles primaires, avec l'espoir d'être bien accueillis des maîtres comme des élèves ; ne serait-ce qu'en raison de notre bonne volonté pour les uns et de notre sympathie pour les autres.

T. Mongis.

BOTANIQUE ÉLÉMENTAIRE

DES ÉCOLES

CHAPITRE PREMIER

PREMIERS ÉLÉMENTS DES VÉGÉTAUX

Le maître. — Avant de commencer nos leçons, mes enfants, je dois vous dire d'abord, que la botanique, ne consiste pas seulement à étudier les fleurs de nos champs et de nos jardins ; elle comprend aussi l'étude des plus petits brins d'herbe et des plus grands arbres de notre pays, et de tous les pays du monde. Il faut l'appeler comme elle mérite de l'être : la science de toutes les plantes du globe.

Gustave. — Qu'est-ce qu'une plante, monsieur, s'il vous plaît ? Je vois bien des plantes ; mais je ne saurais expliquer clairement ce que c'est, si on me le demandait.

Le maître. — Mon ami, la plante est un être inanimé qui puise sa vie et son accroissement dans le sol d'où il ne peut se détacher, retenu qu'il est par des racines : c'est ce qu'on appelle végéter. Vous comprenez maintenant pourquoi, mes enfants, on a donné le nom général de végétaux à l'ensemble de toutes les plantes ainsi cette mousse (A) que Pierre vient de ramasser, est aussi bien un végétal que le plus grand des peupliers (B) que vous voyez là-bas au bord du ruisseau.

Henri. — En quoi sont-elles les plantes s'il vous plaît, monsieur?

Le maître. — En quoi sont les plantes mon ami! Que voulez-vous dire par là?

Louis. — Elles sont en herbe! quelle plaisanterie!

Le maître. — Laissez Henri s'expliquer, mon enfant!

Henri. — Quand vous nous avez parlé de la fabrication du papier et des étoffes, vous nous avez expliqué, monsieur, quelles étaient les **matières** premières du papier et de l'étoffe; je voudrais bien savoir. . . . .

Le maître. — Quelle est la matière première des végétaux, n'est-ce pas, mon ami?

Henri. — Oui, monsieur, c'est cela !

Le maître. — Je vais tâcher de vous le faire comprendre autant que possible mon enfant ; plus tard l'étude de la physique et de la chimie, vous en donnera meilleur compte. D'abord, le végétal est lui-même une matière première en ce sens qu'il n'est pas un composé d'éléments mis en œuvre par l'industrie humaine, et que ses parties constituantes aussi bien que l'œuvre de sa fabrication, si je puis m'exprimer ainsi, sont l'ouvrage direct et immédiat de la nature toute seule.

Je vais maintenant vous dire comment est constitué le végétal, vous donner si vous aimez mieux une idée de son squelette.

Eugène. — Le squelette d'une fleur, ce doit être bien drôle !

Gustave. — Chut ! écoutez.

Le maître. — Tout végétal est formé par des tissus ou sortes de trames, et ces trames elles-mêmes ré-

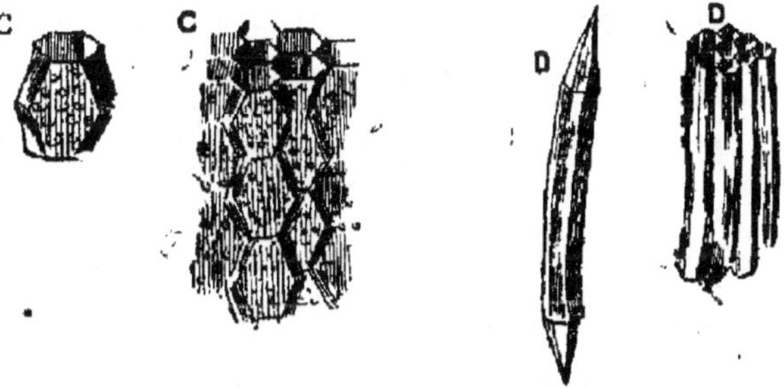

sultent de l'assemblage et de l'entrecroisement de

petits sacs (C) en forme de poches, collés les uns aux autres et appelés cellules, d'autres petits sacs allongés et pointus aux deux bouts (D), appelés fibres, et d'une troisième sorte de cavités en forme

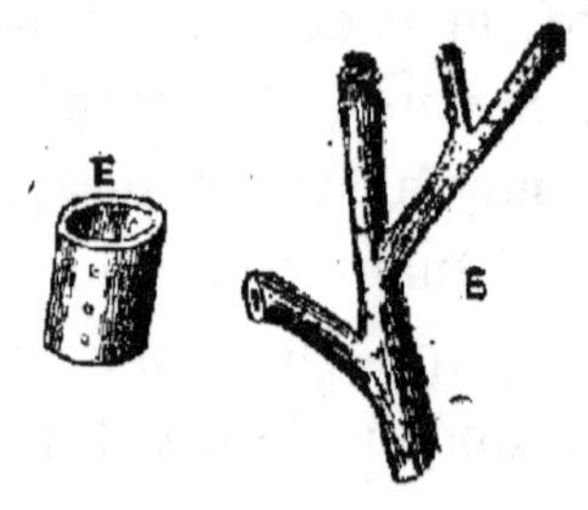

de tuyaux E, appelés vaisseaux. Dans les vides de ces tissus, viennent se placer, avec l'âge et la nature différente de chaque végétal, des substances molles ou dures et la matière verte qui donne la couleur générale aux feuilles de la plupart des plantes. Voilà, mon ami, les premiers éléments communs à tous les végétaux.

Henri. — Merci, monsieur, j'ai bien compris votre explication. Ainsi, cette feuille d'arbre que je viens d'arracher, c'est un tissu dans les mailles duquel il y a, avec d'autres matières, la matière verte qui lui prête sa couleur ; et il en est de même dans la tige de cette pâquerette et dans l'herbe que voilà !

Le maître. — Parfaitement, mon ami.

Louis. — Je disais bien que les plantes étaient en herbe.

Le maître. — Elles commencent toutes par là, mon enfant, au sortir de terre ; mais on ne peut pas dire que toutes les plantes sont en herbe. Répondez-moi, Louis, où couchez-vous ?

Louis. — Dans un lit, monsieur !

Le maître. — Vous paraissez stupéfait de ma demande, je m'en doutais bien. En quoi est-il votre lit ?

Louis. — Mais, monsieur, il est en bois !

Le maître. — Bon ! où a-t-on pris ce bois, croyez-vous ?

Louis. — Ah ! je ne sais pas, monsieur !

Le maître. — Toujours un peu étourdi, mon enfant. Écoutez Gustave, il va vous le dire.

Comment pensez-vous, mon ami, que le lit où dort Louis ait été construit ?

Gustave. — S'il est en noyer, monsieur, comme presque tous les lits, j'imagine qu'on a choisi et marqué pour les abattre de très beaux noyers. Dans le tronc de chacun d'eux le scieur de long a débité des madriers et des planches ; puis, le menuisier a travaillé le bois, fabriqué le lit de Louis et peut-être aussi d'autres meubles.

Le maître. — Ainsi le lit est fait avec des arbres, noyers, frênes ou cerisiers, peu importe !

Gustave. — Oui, monsieur, ce ne peut pas être autrement si le lit est en bois.

Le maître. — Vous avez raison! Mais ces arbres sont des plantes. Peut-on dire que votre lit soit en herbe, mon cher Louis?

Louis. — Non, monsieur !

Le maître. — Allons, vous rougissez de votre bévue, j'espère que la leçon vous profitera. Faites comme vos camarades, mon enfant ; attendez de bien savoir avant de répondre et vous ne vous exposerez pas à ces petits échecs d'amour-propre. Pour terminer, rappelez-vous bien, mes amis, que tout végétal se compose de tissus formés par des cellules, des fibres ou des vaisseaux unis les uns aux autres et remplis de la matière verte qui les colore ; en même temps les végétaux sont enrichis des éléments nécessaires leurs à différentes constitutions et aux différents usages auxquels le Créateur les a destinés.

QUESTIONNAIRE ET SUJETS DE DEVOIRS.

1º *Que comprend l'étude de la botanique ?*

2º *Qu'est-ce qu'une plante ?*

3º *Quels sont les éléments des végétaux ?*

4º *Par quoi sont formés et remplis les tissus des végétaux ?*

5º *A quelle substance les végétaux doivent-ils leur couleur ?*

6º *Comment expliquer qu'un meuble peut appartenir au règne végétal ?*

CHAPITRE DEUXIÈME

STRUCTURE DES VÉGÉTAUX

LA RACINE

Le maître. — La partie du végétal que vous voyez sortir de terre, mes enfants, ne constitue pas, à elle seule, la plante qu'il nous faut étudier. Chaque végétal possède une autre partie de lui-même, cachée sous terre, absolument nécessaire à son existence, et dont je vous ai dit un mot en vous expliquant le mot végétal.

Gustave. — Oui, monsieur, je me le rappelle ; vous avez parlé des racines qui retiennent la plante attachée au sol.

Le maître. — Très bien, mon ami, c'est la racine dont je veux vous parler en effet. Cette partie de la plante qui s'enfonce dans la terre pour y chercher sa nourriture, ainsi que nous le verrons plus tard, se divise en trois parties : la base, le corps et le sommet.

Louis. — Je vois cela d'ici : la base, en bas, naturellement, le sommet en haut et le corps au milieu, c'est clair !

Le maître. — Non, mon ami, vous ne voyez pas bien, et ce n'est pas clair pour vous. La base de la racine au contraire est tout en haut, ordinairement presque à fleur de terre et se réunit à la tige à un endroit de la plante qui prend le nom de collet; de ce collet, la racine descend dans le sol qu'elle creuse plus profondément en se développant, jusqu'à ce qu'elle atteigne ses dimensions naturelles ; son extrémité la plus basse prend alors le nom de sommet. Vous connaissez bien tous la carotte ?

Tous. — Oh ! oui, monsieur !

Georges. — C'est très bon çà les carottes dans le pot-au-feu !

Le maître. — Eh bien, mes enfants, je prends la carotte (A) comme exemple de ce que je viens de vous dire. L'endroit où les feuilles vertes se joignent à la carotte sur le dessus, s'appellera le collet ou base de la racine : la carotte elle-même, ce manger si cher à

Georges, sera le corps de la racine, et, son extrémité pointue le sommet.

Eugène. — C'est drôle, la carotte, une racine ! moi qui la prenais pour un légume.

Le maître. — C'est une plante légumineuse en effet, mon ami, mais du côté de sa racine seulement.

Pierre. — Moi, j'aime mieux dire légume, c'est plus vite fait.

Le maître. — N'avez-vous pas remarqué, mes amis, en voyant votre maman nettoyer les carottes, qu'elle enlevait avec son couteau une masse de filaments blancs ou gris attachés au légume ?

Gustave. — Très souvent, monsieur, j'ai été à même de m'en apercevoir.

Le maître. — Ces filaments s'appellent radicelles ou petites racines, et parfois on leur donne le nom de chevelu.

Henri. — Oh! je comprends, c'est parce qu'ils forment une espèce de chevelure à la carotte.

Le maître. — C'est tout à fait cela mon ami. Très bien raisonné !

Paul. — Mais, monsieur, la racine des plantes n'est pas toujours une carotte ?

Le maître. — Non , mon enfant : la racine affecte des formes différentes suivant la nature différente des végétaux. Il est des racines qui forment dans la terre comme un assemblage de rameaux presque

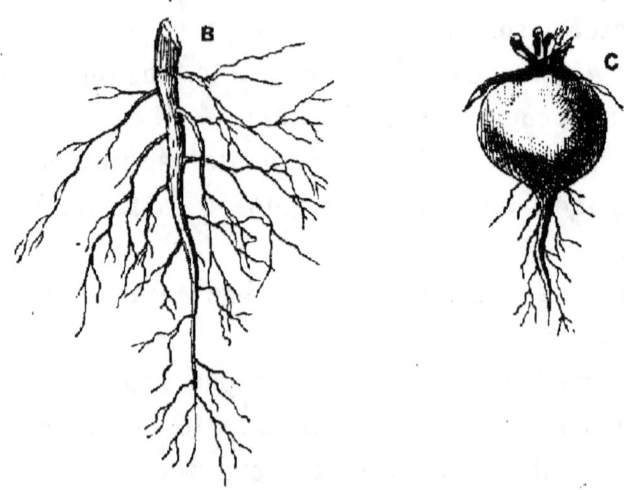

identiques aux rameaux mêmes de l'arbre (B), d'autres sont plus qu'abondamment remplies des

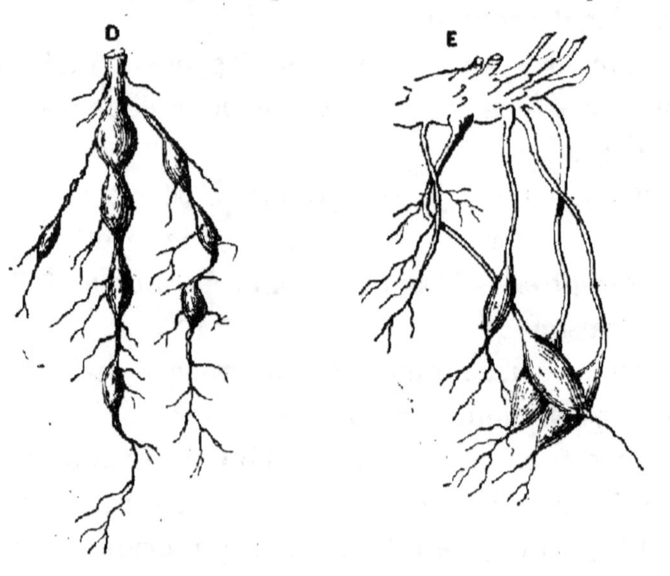

sucs et des fécules nécessaires à la nourriture de la plante, alors le corps même de la racine s'épaissit à la base, comme dans la carotte, ou vers le milieu, comme dans le radis (C). Parfois les racines à plusieurs branches offrent de distance en distance des renflements en manière de chapelet (D); d'autres, en un point seulement (E) ou dans leur totalité comme les racines de Dahlia (F)!

Eugène.—Je m'embarrasserais fameusement dans toutes ces racines !

Le maître. — Non, mon ami, si vous êtes attentif à les bien distinguer. Quand la racine descend à peu près perpendiculairement à la plante et qu'elle offre un corps unique ou principal, elle est dite simple ou pivotante : voyez la carotte (A) dont nous avons déjà parlé; lorsque la racine figure un tronc renversé, enterré avec ses ramifications, elle s'appelle rameuse ou composée. Les racines du poirier, (B) et de beaucoup d'arbres, en sont l'exemple. Enfin, quand la racine présente les renflements indiqués tout à l'heure, elle s'appelle racine tubéreuse, et ces renflements eux-mêmes prennent le nom de tubercules ; parmi ces tubercules vous ne faites pas mince estime, je l'espère bien, de la succulente pomme de terre.

Georges. — Oh non! je l'aime beaucoup.

Gustave. — Alors, monsieur, ce dernier genre de racine, le tubercule, est un aliment bien précieux.

Le maître. — Pas toujours, mon ami : nous verrons ce qu'il en est plus en détail, en traitant de l'utilité des végétaux. Cependant, je puis vous dire en général, dès aujourd'hui, que parmi ces tubercules les uns peuvent servir d'aliments, d'autres, au contraire, renferment des poisons dangereux et on les éloigne de l'alimentation.

Eugène. — Elles sont bien inutiles celles-là, monsieur, vous en conviendrez !

Le maître. — Non, mon ami ; toutes les racines ont une véritable utilité. Elles contribuent, toutes, au moins à l'alimentation de la plante sinon à celle de l'homme, et de plus elles fixent le végétal grand ou petit au sol d'où il tire sa nourriture, et, lui permettent de résister au choc des vents qui, sans cette résistance, l'emporteraient au loin à la moindre tempête.

Eugène. — C'est vrai, monsieur, c'est bien simple et pourtant je n'y avais pas réfléchi.

Le maître. — Rien n'est inutile dans la nature, mon enfant ; ne l'oubliez jamais !

QUESTIONNAIRE ET SUJETS DE DEVOIRS.

1° *La plante n'a-t-elle que la partie que nous voyons sortir du sol ?*

2° *Qu'est-ce que la racine et comment la divise-t-on ?*

3° *Où prend-on les différentes parties de la racine ?*

4° *Qu'appelle-t-on chevelu et pourquoi ?*

5° *Comment se présentent les racines ?*

6° *Qu'est-ce que la racine pivotante ?*

7° *Qu'est-ce que la racine rameuse ?*

8° *Qu'est-ce que la racine tubéreuse ?*

9° *Toutes les racines peuvent-elles se manger ?*

10° *A quoi servent en général les racines ?*

CHAPITRE TROISIÈME

STRUCTURE DES VÉGÉTAUX

LA TIGE

Le maître. — Maintenant que vous connaissez la partie de la plante qui cherche, en descendant, la terre et l'humidité, parlons de l'autre partie qui pousse en sens contraire, et cherche, en montant, l'air et le soleil. Cette partie que tous nous voyons surgir du sol, à la racine de chaque végétal, prend le nom de tige dans les plantes et les arbustes, et celui de tronc dans les arbres plus gros et plus avancés en âge de nos vergers et de nos forêts. Voyez-vous d'ici un tronc et une tige, Gustave ?

Gustave. — Oui, monsieur, cette belle pâquerette est supportée par une tige et le cerisier dans la cour de monsieur le maire est bien un tronc à ce que je crois !

Paul. — Il est bien assez gros pour cela !

Henri. — Et il a des branches.

Le maître. — Très bien mes enfants, vous comprendrez sans peine, je le vois, que la tige est un petit et jeune tronc, et le tronc une grosse et vieille tige.

Eugène. — C'est donc la même chose alors, monsieur, la tige d'une fleur et le tronc d'un arbre ?

Louis. — Quel maladroit ! Vois donc comme ils se ressemblent peu ! La différence est si grande, qu'elle saute aux yeux de tout le monde.

Eugène. — Puisque monsieur le maître vient de le dire !

Le maître. — Vous avez raison tous les deux, mes enfants, je vais vous expliquer comment : ne vous chamaillez donc pas ! Toutes les jeunes tiges se composent à l'intérieur d'une partie molle appelée moelle ; cette moelle est entourée d'un tissu formé par les fibres et les vaisseaux dont nous avons déjà parlé, ce tissu est lui-même entouré extérieurement d'une enveloppe cellulaire comme une espèce de tulle ou de canevas. Vous vous êtes bien amusés parfois à couper une branche de sureau ?

Gustave. — Oh! certainement, monsieur !

Le maître. — Vous avez observé, au milieu, un corps blanchâtre, peu résistant, et qui cède à la pression du doigt comme une petite éponge ?

Henri. — Oui, monsieur, c'est là sans doute la moelle ?

Le maître. — Vous ne vous êtes pas trompé. Autour de la moelle en brisant la branche vous remarquez une partie plus dure formée comme par des fils très rapprochés et très serrés : c'est le tissu fibreux et ligneux de toutes les tiges, et la partie extérieure, ordinairement unie, qui enveloppe ce tissu, est en quelque sorte une tunique qui le protège contre les atteintes de l'air. Dans les petits végétaux dont la vie ne dure pas plus d'une année, toutes les parties de la tige sont vertes et on appelle cette tige, tige herbacée.

Louis. — Mais ça ne ressemble pas du tout à un tronc d'arbre ce que vous nous dites-là, monsieur !

Le maître. — Patience, mon ami, j'y arrive. Les végétaux dont l'existence atteint plusieurs années, grandissent et grossissent avec l'âge, mes amis, vous le savez bien !

Eugène. — Oui, monsieur ; le petit pommier, que mon père a planté l'année dernière au fond du jardin, est bien plus fort aujourd'hui qu'à l'époque de sa plantation.

Le maître. — Il a commencé, ce pommier, par être une plante bien petite, avant qu'on pût le mettre en terre, sa moelle était verte, sa tige herbacée, vous comprenez bien ce mot, mes enfants ?

Gustave. — Oui, monsieur, sa tige était en herbe !

Le maître. — Très bien ! C'est ce que ce mot veut dire. Mais quand ce pommier est devenu, dès sa seconde année, une véritable tige d'arbre avec des commencements de branches, on a pu lui donner avec justesse le nom de tronc. Eh bien ! voulez-vous que je vous dise, Eugène, comment il a grossi et comment on pourra connaître son âge bien exactement quand il sera trop vieux pour donner des fruits et que votre père l'abattra ?

Eugène. — Oh! oui, monsieur, s'il vous plaît, c'est très curieux et très amusant !

Le maître. — D'abord, mes enfants, dans les arbres jeunes ou vieux, la moelle ne grossit jamais, elle reste toujours la même. Par contre, tous les ans, le tissu fibreux qui enveloppe la moelle, se renforce par dehors d'un cercle de même nature dont les mailles se resserrent avec l'âge sous l'étreinte du dernier cercle formé. Ce tissu, qui s'épaissit et se durcit d'année en année, n'est autre chose que le bois de l'arbre, et la petite peau mince et verte qui entourait la tige de ce végétal alors qu'il venait de naître, s'est développée à son tour, toujours par-dessous, à l'endroit où se forme le dernier cercle du bois ; cette peau se prête et s'étend comme du caoutchouc à cause de son élasticité, elle grossit, devient grise, brune et rugueuse, et prend le nom d'écorce autour de cette petite plante transformée en arbre sous nos yeux. Maître Louis, voyez-vous maintenant qu'il y a une certaine ressemblance entre les gros arbres et les petites fleurs?

Louis. — Oui, monsieur, je le vois très bien maintenant. C'est toujours la moelle, le tissu qui durcit, et la peau, que l'on rencontre dans les fleurs comme dans les arbres.

Gustave. — Comment reconnaître, monsieur, l'âge d'un arbre? Vous avez promis de nous le dire.

Le maître. — M'y voilà, mon ami. Le bois de l'arbre est la réunion, autour de la moelle, des cercles qui se forment tous les ans. Chacun de ces cercles dessine son contour en prenant place à la suite des autres, et le diamètre est de plus en plus grand à mesure que l'arbre vieillit. Chaque cercle indique

donc une année d'existence pour l'arbre observé. Mais j'y pense! Faisons quelques pas : vous voyez là ce gros bloc (A)? C'est la bille d'un énorme noyer que le scieur de long doit venir débiter un de ces jours ; allons compter son âge.

Henri. — Soixante-trois cercles, monsieur.

Le maître. — Alors soixante-trois ans ! Êtes-vous bien sûr du chiffre, Henri?

Henri. — Je le crois, monsieur ; cependant les

grands cercles qui s'approchent de l'écorce sont moins nets et moins faciles à compter. Pourquoi cette différence avec les premiers qui ont un ou deux pouces d'épaisseur?

Le maître. — C'est bien simple, mon ami. Vous grandissez beaucoup plus et beaucoup plus vite aujourd'hui que vous le ferez plus tard : parce que vous êtes jeune, et c'est dans la jeunesse surtout qu'on remarque les progrès de la croissance. Il en est absolument de même pour les arbres. Dans leur vieillesse, leur croissance est presque insensible, voilà pourquoi les derniers cercles sont très peu marqués.

Gustave. — Vous avez dit, monsieur, que l'arbre grossit par dehors.

Le maître. — Oui, mon ami. C'est toujours entre l'écorce et le dernier cercle formé, que le cercle de l'année vient prendre place, sans cela les cercles précédemment formés éclateraient de toutes parts et il n'y aurait pas d'arbre ni de végétation possible. C'est absolument comme si vous-même gardiez toujours les mêmes vêtements sans tenir compte de votre croissance. Avant un an ils seraient trop petits et se déchireraient de tous côtés. Quand nous parlerons de l'utilité des végétaux, nous verrons plus en détail, mes enfants, la composition de l'écorce. Pour aujourd'hui je me bornerai à vous faire remarquer après ce qui vient d'être dit, que la tige n'a pas la même disposition dans toutes les plantes.

Gustave. — Elles ne s'élèvent pas toutes droites, de la racine vers le ciel ?

Le maître. — Non, mon ami. Il y a les tiges rampantes et grimpantes, comme celles du lierre (B), les tiges volubiles qui s'enroulent, comme celles du li-

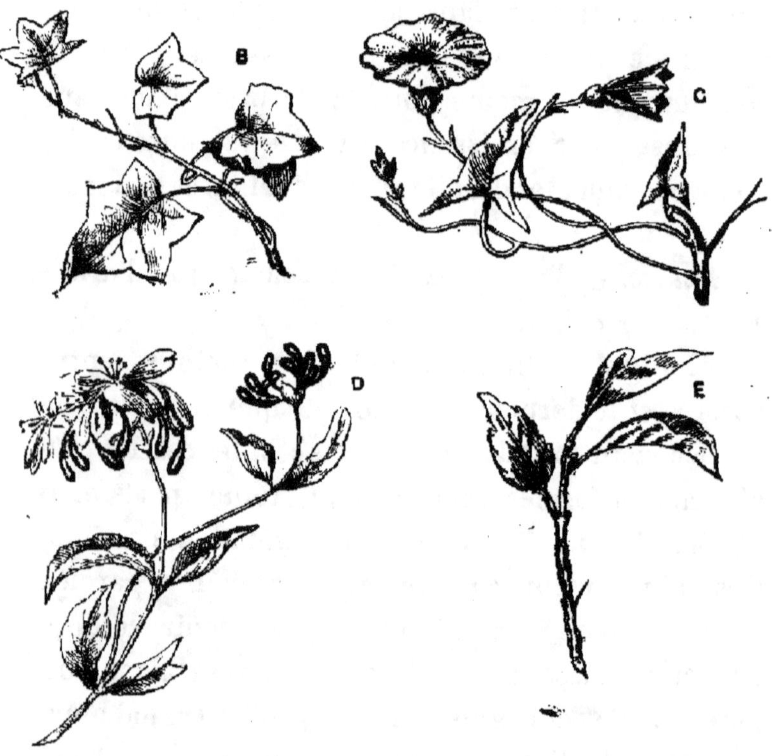

seron (C) : la tige sarmenteuse, comme celle de la vigne et du chèvrefeuille (D), les tiges simples qui ne portent ni rameaux, ni branches (E), et celles qui portent des rameaux, appelées tiges rameuses ; les tiges de la nature et de la consistance de l'herbe, se nomment tiges herbacées ; les tiges plus fortes des grands végétaux se nomment tiges ligneuses (F).

Georges. — Ah ! mon Dieu, comme il y en a. Je ne retiendrai jamais tous ces noms !

Le maître. — Et encore, mon enfant, je vous fais grâce de beaucoup d'autres appellations avec lesquelles vous vous familiariserez vous-même plus tard si vous voulez étudier. Toutefois, je vais vous indiquer une division plus courte et moins compliquée de la tige, d'après son aspect général :

1° On appelle tronc, la tige ligneuse et rameuse des végétaux, c'est-à-dire celle qui, tous les ans, se grossit d'un nouveau bois et porte des branches divisées en rameaux. Le chêne de notre pays en voilà un exemple (G).

2° On appelle stipe, la tige ligneuse sans aucune espèce de ramification, des végétaux qui portent leurs feuilles en touffe au sommet, comme les palmiers (H).

3° On appelle chaume, une tige de la nature de l'herbe ordinairement simple, creuse et renflée de distance en distance par de petits nœuds. Le chaume du blé, du seigle, etc.

Henri. — Tronc, stipe et chaume ce ne sera pas difficile à retenir (I).

Le maître. — Tâchez surtout, mes petits amis, de n'avoir pas trop oublié la formation des tiges, et

leurs premiers éléménts, les tissus, parce que nous les retrouverons encore sur notre chemin quand nous essaierons de faire connaissance plus intime avec les plantes.

QUESTIONNAIRE ET SUJETS DE DEVOIRS

1o *Quelle est la partie de la plante que l'on nomme tige ?*

2o *Comment est formée une tige ?*

3o *Comment grossissent les arbres ?*

4o *Comment reconnaît-on l'âge d'un arbre ?*

5o *Quel est le rôle de l'écorce dans les végétaux ?*

6o *Les tiges ont-elles les mêmes dispositions dans toutes les plantes ?*

7o *Comment divise-t-on la tige en raison de son aspect général ?*

8o *Donnez un exemple : d'un tronc, d'un stipe, d'un chaume ?*

CHAPITRE QUATRIÈME

STRUCTURE DES VÉGÉTAUX

LES FEUILLES

Le maître. — Ainsi que vous le voyez vous-mêmes, mes enfants, la feuille est un organe de couleur verte et de forme aplatie qui prend naissance sur la tige des petits végétaux et aussi sur les branches des plus grands.

Henri. — Qu'entendez-vous par organes, monsieur, s'il vous plaît ?

Le maître. — Par organe, mon cher ami, j'entends une partie de l'être, destinée par la nature à accomplir certaines fonctions, qui en font un véritable instrument ; c'est ce que signifie du reste le mot organe. La question si sage et si à propos d'Henri, m'amène à vous dire, sans plus tarder et d'une manière générale, mes enfants, que les feuilles sont des organes parce qu'elles servent à la nourriture, à la respiration, et à la transpiration des plantes.

Paul. — Comment ! les plantes mangent, respirent et suent ?

Le maître. — Oui, mon ami, elles dorment aussi. Mais nous ne sommes pas encore à ces explications, n'abandonnons pas nos feuilles pour l'instant. Les feuilles sont donc des organes, vous comprenez ce mot, ordinairement verts et aplatis. Gustave arrachez-moi, je vous prie, ou cassez-moi la tige de cette petite plante à fleurs blanches bordées de rose que j'aperçois dans le fossé. Très bien, je vous remercie !

Henri. — Qu'est-ce que cette plante, monsieur ?

Le maître. — Mes enfants, on l'appelle dans le pays l'herbe de saint Innocent, mais son véritable nom c'est la renouée poivre d'eau ; maintenant regardez et écoutez-moi bien.

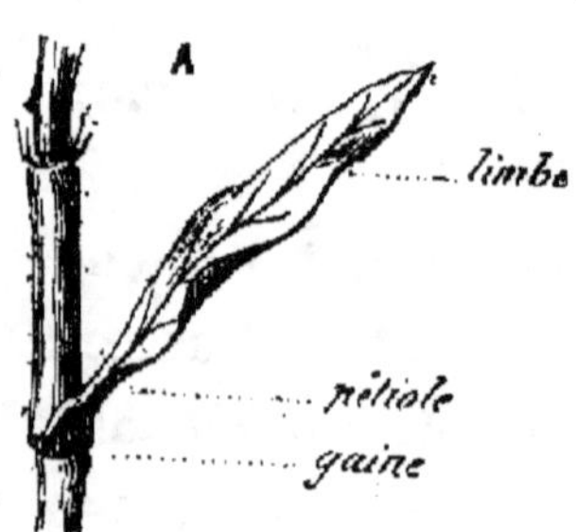

La feuille se compose de trois parties bien distinctes et faciles à reconnaître dans cette plante. D'abord le pétiole, cette petite queue dont vous voyez les deux extrémités réunir ensemble, comme un trait d'union, la tige et la feuille par la base, ce même pétiole s'est élargi et a

formé cette espèce de tunique dont la tige est entourée et que nous appellerons gaine ; enfin à l'autre
extrémité, pas très loin comme vous le voyez, le pétiole a laissé se diviser les faisceaux qu'il réunissait :
ils se sont écartés et divisés pour former le limbe
c'est-à-dire la feuille proprement dite qui résulte de
leur épanouissement. On les voit très bien ces faisceaux en dessous de la feuille, ils en forment commé
le squelette qu'on appelle nervure, et le reste du
limbe est formé par les tissus et la matière verte
que vous connaissez déjà.

Gustave. — Mais, monsieur, les feuilles des plantes
n'ont pas toutes la même forme ?

Le maître. — Non, mon ami, et il suffit d'ouvrir
les yeux pour le constater, je vous dirai même :
que les feuilles n'ont pas toujours de gaine, ni
même de pétiole apparent ; dans ce dernier cas,
elles sont appelées feuilles sessiles, c'est-à-dire
assises sur la tige ; elles ne sont pas non plus
absolument toujours vertes, mais c'est en étudiant
les végétaux en particulier que nous nous rendrons
compte de ces différences. Pour répondre à votre
question, la forme des feuilles dépend de l'épanouissement et de l'écartement des faisceaux du pétiole,
c'est-à-dire de la nervure du limbe : vous comprenez dès lors que leur configuration peut varier
à l'infini.

Henri. — Comment s'y reconnaître, monsieur, parmi tant de variétés de feuilles ?

Le maître. — La pratique et l'expérience, mon ami, sont de grands maîtres, dans ce cas aussi bien que dans beaucoup d'autres ; mais il y a cependant quelques principes et des données pour diriger vos observations sur ce point. Ainsi l'on connaît les feuilles simples et les feuilles composées : les feuilles simples dont le limbe est d'une seule pièce et réunit toutes les nervures dans une seule lame. Voyez la feuille du lilas (B) ; les feuilles composées (C) dont

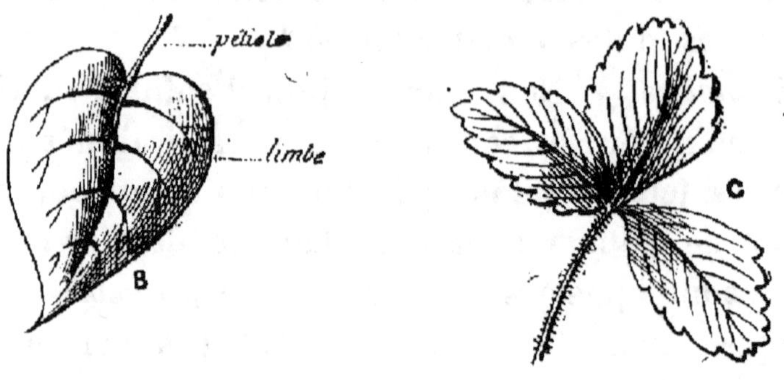

le limbe est divisé en plusieurs lames et leur partage ses nervures, comme dans la feuille du fraisier.

Gustave. — Voilà déjà un point important à ne pas oublier pour ne pas confondre les feuilles les unes avec les autres.

Le maître. — Ce n'est pas tout, mon ami, la disposition des nervures diversifie encore la configuration des feuilles soit simples soit composées. Ainsi, cette feuille de belladone (D) dont vous vous déflerez comme d'un poison dangereux, mes enfants, est dite feuille simple entière parce qu'elle est formée d'une seule lame et qu'elle ne présente aucune échancrure à ses contours. Quelquefois, le faisceau qui forme le pétiole ne se divise pas du tout et se termine en pointe, donnant à la feuille la forme d'une longue aiguille. Par exemple, ces aiguilles, que vous appelez barbes de pin et dont vous vous

servez malicieusement à vous piquer les uns les autres, sont les véritables feuilles du pin (E).

Louis. — Ah! c'est bien drôle, vraiment vous ne dites pas cela pour plaisanter ?

Le maître. — Non, mon ami, je cherche sérieusement à vous instruire, ces barbes de pin sont tout aussi bien des feuilles que cette feuille d'écuelle d'eau (F) qui ressemble à une roue et qui sert de type aux feuilles peltées, parce que les nervures paraissent placées à l'extrémité du pétiole comme les rayons d'une roue autour du moyeu.

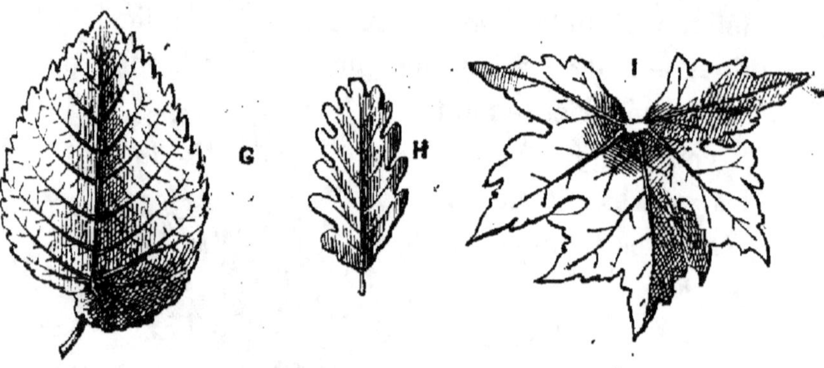

Eugène. — C'est vrai on dirait absolument une roue de voiture.

Le maître. — Et cette feuille d'orme (G) aux nervures disposées comme des barbes de plume, et cette feuille de chêne (H) à la même disposition du limbe sont des feuilles pennées, de même que la feuille de la mauve (I) et celle de la vigne, dont les nervures s'écartent comme les doigts de la main ouverte, prennent le nom de feuilles palmées.

Henri. — Alors, monsieur, on peut dire que les feuilles prennent le nom des différents objets qu'elles représentent à peu près.

Le maître. — Très bien, très bien, mon ami, vous comprenez parfaitement ; ajoutez qu'elles représentent ou rappellent ces objets par suite de la disposition de leurs nervures qu'il faut, pour les mieux distinguer, toujours observer à la partie inférieure de la feuille, celle qui ne veut pas voir le soleil.

Paul. — Une plante qui veut ou ne veut pas !

Le maître. — C'est une manière de parler, mon ami. La surface lisse de la feuille, la plus verte et la plus brillante, est constamment tournée vers le ciel, et l'autre côté, ordinairement rude au toucher

et couvert de poils, semble s'opiniâtrer à regarder la terre. Ceci m'amène à vous parler de la position des feuilles sur les plantes. Les feuilles qui sont placées sur la tige, s'appellent feuilles caulinaires (J) les autres, qui poussent sur les rameaux, s'appellent feuilles raméales : quand elles sont ramassées en bas de la tige, sur le collet de la racine, elles s'appellent feuilles radicales (K) : placées par deux à la même hauteur et vis-à-vis sur la tige ou sur les rameaux, on dit qu'elles sont opposées ; si elles ont plus de deux feuilles à ce même nœud, on les appelle feuilles verticillées, comme les feuilles du laurier rose ; enfin si elles sont placées tour à tour à droite et à gauche de la tige à des intervalles égaux, elles sont dites feuilles alternes : *voyez* cette branche d'ormeau (L).

L

Pierre. — Je ne puis pas retenir tous ces noms, moi, c'est trop fatigant.

Le maître. — Et pourtant, mon ami, je n'entre pas dans beaucoup *de dé-*tails, pourquoi ne prenez-vous pas des notes comme vos camarades? C'est peut-être encore fatigant, mais consolez-vous, j'ai bientôt fini.

Gustave. — Pour un seul paresseux ne nous privez pas de ces détails qui sont si curieux à connaître !

Tous. — Oh ! oui, monsieur, s'il vous plaît !

Le maître. — Je n'ai plus qu'un mot à dire, mes enfants, pour terminer cette étude sur les feuilles de la plante. Dans certains végétaux, comme dans le houx et les chardons, l'extrémité des nervures se transforme en piquants, dans d'autres, comme l'épine vinette en particulier (M), c'est la feuille tout entière qui se transforme en épine ; enfin vous connaissez les vrilles avec lesquelles certains haricots et les pois grimpent et s'attachent aux rames dans les jardins, ce sont leurs feuilles devenues filaments contournés pour la circonstance et

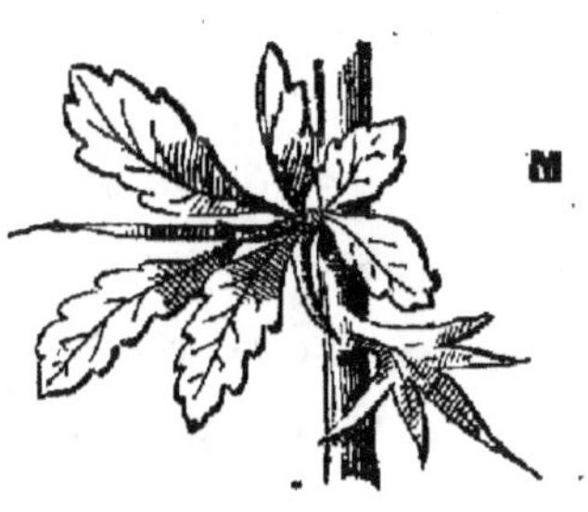

grâce auxquels ils peuvent s'élever en se développant et multipliant leurs gousses nourricières.

QUESTIONNAIRE ET SUJETS DE DEVOIRS

1° *Qu'est-ce que la feuille ?*
2° *Qu'entend-on par organe ?*
3° *De combien de parties se compose la feuille ?*
4° *Qu'est-ce que le pétiole, la gaine, le limbe ?*
5° *Qu'appelle-t-on feuilles sessiles ?*

6° *De quoi dépend la configuration des feuilles ?*

7° *Qu'est-ce qu'une feuille simple et une feuille composée ?*

8° *Qu'appelle-t-on feuille entière, peltée, pennée et palmée ?*

9° *Les aiguillons du pin, du mélèze et du sapin sont-ils des feuilles et comment ?*

10° *Qu'est-ce que la feuille caulinaire, la feuille raméale et la feuille radicale ?*

11° *Que dites-vous des feuilles opposées, verticillées et alternes ?*

12° *Quelles transformations la feuille peut-elle subir dans certains végétaux ?*

CHAPITRE CINQUIÈME

STRUCTURE DES VÉGÉTAUX

LES BOURGEONS ET LES BRANCHES

Le maître. — Aujourd'hui, mes enfants, vous connaîtrez, je l'espère, la structure entière du végétal, quand je vous aurai dit quelques mots de la branche, et du bourgeon dont elle est sortie. Le bourgeon (A) est un petit corps arrondi, conique ou ovale qui naît dans ce qu'on nomme l'aisselle de la feuille, c'est-à-dire à son point de jonction avec la tige. Il renferme, sous cette forme, un assemblage de très petites feuilles repliées et enroulées sur elles-mêmes, qui s'épanouiront en touffe au printemps. Avant l'hiver, tant que la feuille, au bas de laquelle il est placé, demeure épanouie, le bourgeon protégé par elle n'a rien à craindre. Chargé d'une génération de feuilles qui doivent succéder à sa protectrice, le bourgeon survit à cette feuille près de laquelle il a pris naissance. Lorsqu'elle tombe et se flétrit au commencement de l'hiver, lui, persiste sur la tige ; à ce moment, toute sa petite famille de feuilles pelotonnées est enveloppée et défendue contre le froid par les feuilles extérieures, dures et sèches au toucher, que l'on nomme écailles ; elles sont arrangées les unes sur les autres, comme des tuiles sur un toit et ne s'entr'ouvrent qu'au printemps pour laisser le limbe de chaque feuille se développer à son aise.

Henri. — J'ai remarqué ce que vous dites, monsieur, au mois de mars dernier, sur un beau poirier en espalier de notre jardin. Les feuilles d'un vert tendre, se dépliaient au bout d'un petit brin de bois qui semblait s'avancer et grossir à vue d'œil.

Le maître. — Ce petit brin de bois, c'est le bourgeon qui grandit et forme peu à peu une branche pour porter ses feuilles, en attendant qu'un nouveau bourgeon sorte de l'aisselle de ces nouvelles feuilles et qu'il établisse là, sur cette première branche une seconde branche appelée rameau.

Gustave. — Je croyais que le bourgeon produisait des fleurs et, plus tard, des fruits.

Le maître. — Vous avez raison, mon ami, mais ces bourgeons-là sont plus ronds et plus gros que les autres et naissent toujours sur les rameaux à bois formés l'année précédente. Le bourgeon, dont je vous ai parlé et qui donne naissance aux branches, se nomme bourgeon latéral ; le bourgeon à fleurs et à fruits se nomme bouton. Il existe un autre bourgeon très important appelé bourgeon termi-nal. Quand une tige, avec ses feuilles, s'arrête dans sa croissance, après avoir pris tout son développe-ment régulier, elle se couronne à son sommet d'un bourgeon qui se développe à la saison, et puis, s'ar-rête à son tour, préparant un nouveau bourgeon producteur pour l'année suivante ; de sorte que la tige est réellement un composé de branches ajoutées bout à bout.

Henri. — C'est-à-dire, monsieur, que le bourgeon terminal fait grandir l'arbre en élevant toujours sa tige ; et que le bourgeon latéral le fait élargir en multipliant les branches autour de la tige.

Le maître. — C'est parfait, mon ami, vous venez, en deux mots bien compris, de résumer ce que nous nommons la ramification des plantes. Ainsi donc, vous n'oublierez pas, mes enfants, que les bourgeons ne sont autre chose que des branches en herbe. Leurs différentes manières de se diriger constituent les différents aspects des arbres. Les branches presque horizontales du sapin (B) lui donnent une régularité bien remarquable à côté de la capricieuse

B   C

ramification d'un pommier ou d'un prunier. Lorsque les branches partent de la tige à peu près horizon-

talement, comme dans le chêne (C) ou le Cèdre, la cime de l'arbre ne peut certes pas ressembler à celle du peuplier et du cyprès (D), dans lesquels les branches partent de la tige et les rameaux, des branches, en se rapprochant de la tige

D

principale pour se diriger vers le ciel. C'est à la di-
rection des branches partant de la tige en s'inclinant
vers la terre que nous devons les rideaux gracieux
du saule pleureur (E).

Eugène. — C'est vrai, je n'avais jamais fait attention à tout cela et pourtant il n'y a qu'à regarder
autour de soi.

Le maître. — N'y manquez pas et vous verrez
encore, mes enfants, que la longueur relative des
branches contribue aussi beaucoup à modifier la
forme des arbres. Si les branches deviennent gra-
duellement de moins en moins longues en partant
de la base de l'arbre jusqu'au sommet, l'ensemble

aura la forme d'une pyramide ainsi qu'on peut l'observer dans le sapin (B). Au contraire, si les branches du haut prennent le plus grand développement, comme dans le pin d'Italie (F), l'arbre aura la forme d'un parasol. Enfin, si ce sont les branches du milieu

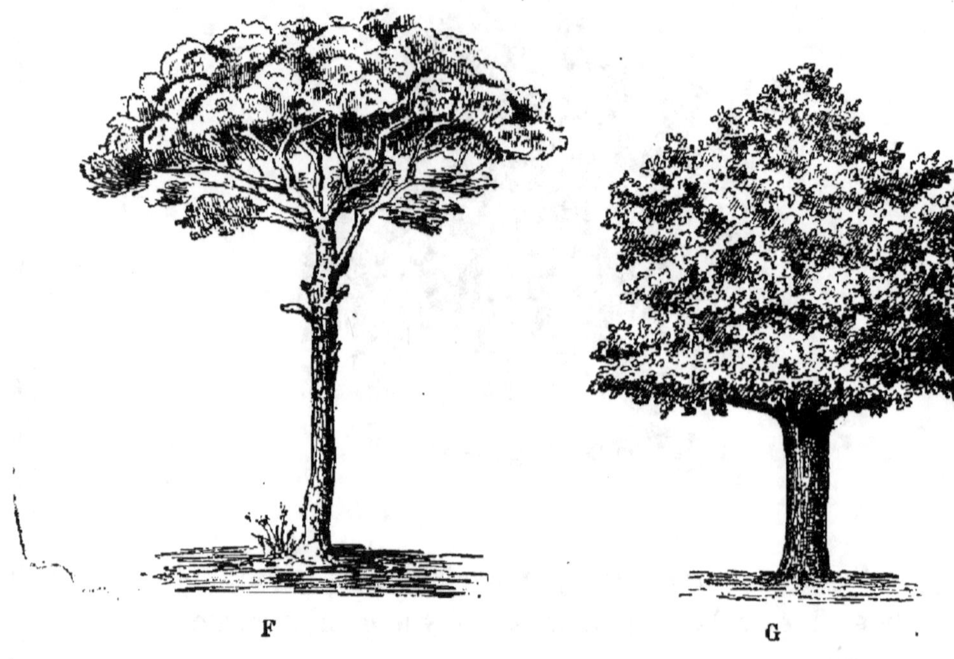

qui dépassent les autres, la cime de l'arbre figurera une boule comme fait le marronnier d'Inde (G).

Pierre. — C'est bien heureux, que toutes ces branches n'aient pas chacune leur nom.

Le maître. — Toujours ennemi de la peine et du travail, mon pauvre Pierre, je ne dois pourtant pas vous laisser ignorer que, dans les arbres fruitiers, on distingue : les maîtresses branches qui partent du tronc, les branches à bois qui forment les extrémités des branches, les branches à fruit qui naissent sur ces dernières, et enfin les gourmands qui prennent trop de nourriture et que l'on doit couper sans hésitation.

Louis. — Gare à toi Georges, qui es un gourmand !

Le maître. — Il ne s'agit pas de taquiner Georges, mon cher Louis, remarquez plutôt avec vos camarades les branches dont je viens de vous parler, sur l'abricotier de notre voisin. Maintenant, mes amis, je finirai cet exposé de la structure des plantes, en vous disant que l'on donne en général le nom d'arbustes aux végétaux dont la taille n'atteint pas trois mètres et qui se ramifient près du sol, celui d'arbrisseaux aux végétaux qui ne dépassent pas quatre mètres environ et celui d'arbres aux végétaux dont la tige ligneuse s'élève à une plus grande hauteur. Les arbrisseaux peu élevés et rameux dès la base ont reçu le nom de buissons.

Henri. — Les mûriers du chemin sont-ils des buissons ?

Le maître. — Non, mon ami, d'abord ce ne sont pas des mûriers, mais des ronces tout simplement, et puis ils ne sont pas rameux dès la base, allez-y voir plutôt, si vous n'avez pas trop peur des dards.

C'est le nom d'arbrisseau, à mon avis, qui convient à ces plantes. Je vous recommande, mes enfants, de ne pas aller trop souvent les visiter de peur de dommages pour votre estomac et pour vos vêtements.

Georges. — Elles sont pourtant bien bonnes les mûres !

Le maître. — Ce n'est pas une raison pour en abuser, d'autant que ces fruits ne sont ni très nourrissants, ni très rafraîchissants. Je vous en ferai connaître de bien meilleurs quand nous étudierons l'utilité des divers végétaux.

QUESTIONNAIRE ET SUJETS DE DEVOIRS

1º *Qu'est-ce que le bourgeon ?*

2º *Que renferme-t-il ?*

3º *Qui le protège pendant l'été ? pendant l'hiver ?*

4º *Par quoi la branche est-elle formée ?*

5º *Qu'est-ce que le bourgeon latéral ?*

6º *Qu'est-ce que le bourgeon à fleurs et à fruits ?*

7º *Qu'est-ce que le bourgeon terminal ?*

8º *Que résulte-t-il des diverses directions des branches d'un végétal ?*

9° *Que produit la longueur relative des branches d'un végétal ?*

10° *Quelle est la division des branches dans les arbres fruitiers ?*

11° *Qu'appelle-t-on arbres, arbrisseaux, arbustes et buissons ?*

12° *Description de la forme du chêne, du peuplier, du saule, du marronnier d'Inde, du sapin et du pin d'Italie.*

CHAPITRE SIXIÈME

CIRCULATION DANS LES VÉGÉTAUX

Le maître. — Je dois vous parler aujourd'hui, mes enfants, de la circulation des végétaux.

Eugène. — Qu'entendez-vous par circulation, monsieur ?

Louis. — Circuler ! c'est se promener tiens ! ne le sais-tu pas ?

Eugène. — Oui ! mais les végétaux !

Louis. — Eh bien ! les végétaux se promènent !

Le maître. — L'ami Louis ne croit pas si bien dire ! il y a en effet des végétaux qui se promènent, des plantes voyageuses et nous en parlerons un jour ; mais ce n'est pas ce que veut dire, mes enfants, le mot circulation. N'avez-vous pas entendu dire quelquefois, mes amis, d'un homme qui se porte bien : « Quel bon sang circule dans ses veines ! »

Gustave. — Oui, monsieur, bien des fois, mais je ne l'ai pas trop compris.

Le maître. — Eh bien ! mes enfants, cela voulait dire qu'un sang vif et pur, monte, descend, va, vient et revient dans les veines de cet homme pour le nourrir et le fortifier ; c'est ce mouvement du sang dans son corps que l'on appelle circulation.

Henri. — Très bien, monsieur, je saisis ; ce ne sont pas les végétaux qui circulent, mais c'est le sang qui circule dans les végétaux pour les nourrir et les fortifier.

Louis. — Du sang dans les plantes !

Le maître. — Ou au moins un liquide qui le remplace, la sève, qu'on pourrait appeler avec vérité le sang des végétaux et, nous pouvons, dès lors, dire ensemble que la circulation est le mouvement général, dans chaque plante, des liquides nécessaires à la nourriture de chacune d'elles.

Gustave. — Où prennent-elles ces liquides, les plantes ?

Le maître. — Bonne question, mon ami. Écoutez bien. Je vais vous le dire. Les éponges boivent l'eau dans laquelle on les place, vous le savez ; eh bien ! la racine des plantes, enfoncée dans la terre humide, boit comme une éponge l'eau renfermée dans cette terre et qui lui donnait son humidité. C'est ce qui vous explique la nécessité de l'arrosage des jardins, quand la grande soif des plantes et la chaleur du soleil ont enlevé au sol cette humidité dont les végétaux ont besoin. Ce travail de la racine, de prendre, par ses extrémités et par son chevelu, la liqueur dont la plante se nourrit, s'appelle : absorption des racines.

Paul. — Vous avez dit circulation, tout à l'heure, monsieur.

Le maître. — Attendez, impatient, nous y voilà. Quand la racine est imbibée d'eau, la tige en veut elle aussi, et elle agit comme une pompe, attirant à elle le liquide attendu ; à leur tour les rameaux ont soif et aspirent le liquide contenu dans la tige, les feuilles enfin empruntent leur part à la provision du rameau, ils se sucent les uns les autres, de sorte que bientôt, l'eau prise dans la terre, arrive aux différentes extrémités de la plante par ses vaisseaux et ses tissus ; en montant elle rencontre sur son chemin certaines substances qu'elle dissout et dont elle s'épaissit en formant avec elle un liquide qu'on nomme la sève.

Gustave. — Quelles sont ces substances, monsieur ?

Le maître. — Mon ami, bien que cette question appartienne plutôt à la chimie, je vous rappellerai, pour vous répondre, qu'en vous parlant des éléments des végétaux, je vous ai dit que *leur* tissu est un composé de cellules, ces cellules, pour former trame, sont unies entre elles par une matière collante ou gommeuse dont elles sont imprégnées et remplies, dans leur cavité, d'une sorte de fécule. L'eau rencontre sur son passage cette gomme et cette fécule qu'elle dissout et forme ainsi la sève que nous étudions.

Henri. — Alors la sève est d'autant plus épaisse qu'elle monte plus haut?

Le maître. — C'est cela même. Voyez ce petit prunier ; si, au printemps, vous venez le percer avec une vrille, à la profondeur d'un centimètre à sa base et à son sommet, vous verrez que le liquide recueilli dans le haut sera beaucoup plus épais que le liquide recueilli au bas.

Georges. — C'est comme une bouillie que la plante va manger !

Le maître. — Oui, mais pas encore. La cuisine n'est pas terminée, pour parler votre langage, mon ami Georges ; quand cette sève est arrivée aux feuilles, aux bourgeons, à toutes les extrémités supérieures de la plante, elle est mise en contact avec l'atmosphère par les feuilles et les minces tissus des jeunes branches. Elle s'épure et devient alors la sève nourricière capable de nourrir, de fortifier, de renouveler les tissus et les éléments de la plante. On la nommait tout à l'heure sève ascendante, parce qu'elle montait par toutes les parties du végétal pour atteindre ses extrémités d'en haut, les pleurs de la vigne à l'époque de la taille nous en donnent un exemple frappant. Maintenant elle va redescendre jusqu'aux racines par où elle est entrée, en déposant peu à peu sur son passage les matières qu'elle contient, épurées, modifiées par le contact de l'air et par l'évaporation, matières qui serviront à la nourriture, l'entretien et le développement des issus du végétal. On lui donnera naturellement à cette sève, le nom de sève descendante.

Gustave. — Comment sait-on que la sève redescend, monsieur ?

Le maître. — Oh ! mon ami, il est bien facile de s'en rendre compte. Vers le mois d'avril, par exemple, vous prendrez une petite corde et vous la lierez très fortement autour de notre prunier. Au-dessus de la ligature, au bout d'un certain temps, l'écorce gonflera et il se formera un bourrelet tandis qu'au-dessous la tige aura la même grosseur que précédemment ; c'est bien une preuve, n'est-il pas vrai, que la sève redescend de haut en bas par l'écorce, comme les pleurs de la vigne nous sont une preuve que cette même sève fait un premier voyage de bas en haut par toutes les parties intérieures du végétal ?

Gustave. — C'est vrai, monsieur !

Le maître. — Je ne vous ai pas encore dit, mes

enfants, que la sève ascendante a deux mouvements;
elle va de bas en haut dans chaque plante, et en
même temps de dedans en dehors, de sorte que,
dans son mouvement d'ascension, elle est mise en
contact avec l'air, aussi bien par la légère peau de
l'écorce, que par le tissu des feuilles.

Henri. — En est-il de même pour la sève descendante ?

Le maître. — C'est mon avis, à condition toutefois
de changer les termes de ma phrase. La sève descendante a deux mouvements, l'un de haut en bas
par l'écorce et l'autre du dehors au dedans, jusqu'au
jeune bois de l'année, qui a besoin de nourriture et
d'éléments pour sa formation.

L'ensemble de ces divers mouvements de la sève
ascendante et descendante dans les végétaux prend
le nom, mes enfants, de circulation des plantes, parce
qu'ainsi que vous l'avez vu la sève circule, c'est-à-
dire se promène, pour leur profit, dans toutes les
parties de chaque végétal.

QUESTIONNAIRE ET SUJETS DE DEVOIRS

1° *Qu'est-ce que la circulation ?*

2° *Comment les racines absorbent-elles les liquides ?*

3° *Comment le liquide monte-t-il dans la racine ?*

4° *Comment se forme la sève ?*

5° *Comment se purifie la sève ?*

6° *Comment la sève nourrit-elle les végétaux ?*

7° *Qu'est-ce que la sève ascendante et quels sont ses mouvements ?*

8° *Qu'est-ce que la sève descendante et quels sont ses mouvements ?*

CHAPITRE SEPTIÈME

COMMENT LES PLANTES RESPIRENT

Le maître. — La manière dont les végétaux respirent, mes enfants, est très curieuse à étudier, mais pour ne pas vous embrouiller dans le détail, il faut prêter une grande attention.

Gustave. — Nous sommes tout oreilles, monsieur !

Le maître. — Bien ! Voyons, Paul, savez-vous ce que c'est que respirer ?

Paul. — Oh ! oui, monsieur, c'est ouvrir la bouche pour attirer l'air dont on a besoin.

Le maître. — L'explication n'est pas très complète, mon enfant, nous le verrons plus tard, mais telle qu'elle est, je m'en contenterai pour le moment. N'avez-vous pas remarqué, Paul, lorsque vous avez ouvert la bouche et attiré l'air dans votre poitrine, que vous rejetez immédiatement cet air ou un autre par un soupir qui vous soulage ?

Paul. — Oh! oui, monsieur, je ne respirerais pas sans cela!

Le maître. — Vous avez raison, mon ami, mais sans trop savoir ni comment ni pourquoi. Je vais vous le dire : la respiration est un acte par lequel nous prenons à l'air atmosphérique les parties dont nous avons besoin et lui renvoyons celles qui nous seraient inutiles ou nuisibles. Vous ouvrez la bouche pour attirer l'air et c'est par le soupir, qui vous soulage, que vous renvoyez, mon cher Paul, à l'air lui-même, les parties dont vous ne sauriez tirer profit et celles qui ne vous sont plus utiles ; ces deux actes constituent la vraie respiration. Eh bien! mes enfants, les végétaux, eux aussi, prennent dans l'air ce qui leur convient et rejettent ce qui ne leur convient pas, ils respirent donc, eux aussi !

Louis. — Mais par où, puisqu'ils n'ont pas de bouche?

Le maître. — A la bonne heure, Louis, vous écoutez ! Mes enfants, vous avez bien vu de près une feuille d'arbre. Tenez voilà une large feuille de figuier ! Regardez bien avec mon verre grossissant, qui s'appelle une loupe, ne voyez-vous pas de petits points comme de très légères piqûres ?

Henri. — Oui, monsieur, comme j'en vois aussi de pareils sur ma main en promenant votre verre.

Le maître. — C'est cela. C'est par ces petits trous

et aussi par de semblables sur leur écorce que les végétaux respirent !

Eugène. — C'est très curieux !

Le maître. — Oui, ce qu'il y a de plus curieux encore, c'est qu'ils ne respirent pas de la même manière le jour que la nuit, et ils ont, d'après les savants, la respiration diurne et nocturne, c'est-à-dire respiration du jour et respiration de la nuit !

Gustave. — Comment donc cela, monsieur?

Le maître. — L'air contient, mes enfants, de l'azote beaucoup, les quatre cinquièmes environ, de l'oxygène, l'autre cinquième, à peu près, et d'autres gaz parmi lesquels du carbone uni à l'oxygène sous forme d'acide carbonique. Pour acquérir leur vigueur, leur poids et leur belle couleur verte, les végétaux ont besoin du carbone. A la lumière, les parties déjà vertes de la plante, comme les feuilles, l'écorce, ont le pouvoir, en respirant, c'est-à-dire en absorbant l'air, de décomposer l'acide carbonique, de garder, pour le végétal, le carbone dont il a besoin, et de dégager l'oxygène. Voilà ce qu'on appelle la respiration diurne, qui ne peut avoir lieu que sous l'influence de la lumière ou du soleil et avec les parties vertes de la plante comme agents. C'est tout le contraire de ce qui se passe chez les animaux; ils prennent à l'air l'oxygène dont ils ont besoin, de sorte que les végétaux, en renvoyant leur trop-plein d'oxygène, favorisent, par leur propre respiration, la respiration animale, et c'est de là que l'air de la campagne est bien meilleur que l'air des villes pour les poitrines humaines.

Gustave. — Ce qui se passe pendant la nuit chez les plantes, ce n'est donc pas la même chose ?

Le maître. — Non, mon ami, tout au contraire. La nuit, les parties vertes du végétal, qui ne sont plus secondées par la lumière du jour, aspirent de l'oxygène et dégagent de l'acide carbonique. Ce phénomène est appelé respiration nocturne.

Henri. — Mais, quand les arbres n'ont plus de feuilles, comment font-ils pour respirer ?

Le maître. — Ils font, mon ami, comme tous les végétaux pendant la nuit, ils prennent l'oxygène et renvoient leur trop-plein de carbone ; cette respiration a lieu aussi pendant le jour, dans les parties du végétal qui ne sont pas vertes, comme la racine, le bois, et dans les végétaux qui ne sont pas verts, comme les champignons, c'est de la même façon que toutes les plantes, dépourvues de leur feuillage, respirent pendant l'hiver.

Gustave. — Merci, monsieur, je vais m'appliquer à rechercher désormais les petits trous par lesquels respirent les feuilles et l'écorce.

Le maître. — Je vous prêterai ma loupe, s'il est nécessaire, et vous remarquerez parfois une légère humidité ; car, l'évaporation de la plante, c'est-à-dire sa transpiration, se fait par ces mêmes petits trous appelés stomates, qui la débarrassent au contact de l'air du trop d'eau qu'elle contient. Je vous avais bien dit que les végétaux transpirent ; nous verrons bientôt, mes enfants, comment ils se nourrissent et comment ils se reproduisent, nous n'en avons pas fini avec ces intéressantes merveilles de la nature.

QUESTIONNAIRE ET SUJETS DE DEVOIRS

1° *Qu'est-ce que la respiration ?*

2° *Par où respirent les végétaux ?*

3° *Qu'appelle-t-on respiration diurne ?*

4° *Qu'appelle-t-on respiration nocturne ?*

5° *Comment les parties vertes du végétal respirent-elles la nuit ?*

6° *Par où se fait la respiration des plantes ?*

CHAPITRE HUITIÈME

COMMENT LES PLANTES SE NOURRISSENT

Le maître. — Vous n'avez pas oublié, mes petits amis, que la racine des plantes puise dans la terre un liquide nourricier, qui prend le nom de sève; que les feuilles, les bourgeons aspirent ce liquide à la manière d'une pompe, que les feuilles et l'écorce le mettent en contact avec l'air pour l'épurer, et que cette sève alors redescend dans le végétal, distribuant en haut et en bas, à gauche et à droite, dans le centre et dans l'écorce, toutes les substances nécessaires à la vie de la plante.

Henri. — Oh! non, monsieur, ce n'est pas oublié, vous avez appelé ces actes différents : absorption, circulation et respiration des végétaux!

Le maître. — C'est bien cela, mon ami, mais tous ces actes, considérés ensemble, forment ce qu'on appelle aussi la nutrition des végétaux, parce que toutes ces fonctions réunies donnent à la plante la nourriture qui lui convient : il se produit alors, mes amis, dans les végétaux comme dans les animaux, un acte qui est encore un mystère pour la science. Une force inconnue, qu'on appelle de ses effets, force vitale, l'opère. Chaque partie de la plante prend dans ces matières ainsi préparées, mises en mouvement par la circulation, ce qui convient à sa nature, en fait sa propre substance, d'où l'on a donné à cet acte le nom d'assimilation.

Louis. — Comment cela se fait-il donc, monsieur? c'est un tour de physique?

Le maître. — Pas tout à fait comme vous l'entendez, mon enfant; mais c'est bien un acte physique merveilleux en effet, nous en pourrons voir et apprécier les résultats divers et, toutes les fois, nous n'en pourrons pas saisir la cause, ni comprendre et suivre l'opération elle-même; c'est le secret de la vie, un mystère de la nature.

Gustave. — Quels sont les résultats de cette opération que l'on peut voir et apprécier, monsieur?

Le maître. — Mon ami, ce sont des transformations, des modifications de substances dont la chimie vous expliquera les singularités apparentes. Qu'il vous suffise de savoir aujourd'hui que sous l'influence de la force vitale, dans l'intérieur de la plante, les tissus des cellules, remplies de fécule ou d'amidon et collées ensemble par des matières liquides et sucrées, se convertissent réciproquement, les tissus en fécule, les fécules en sucre, les sucres en tissus, pour faciliter l'assimilation propre à chaque partie du végétal.

Georges. — Du sucre dans les plantes?

Le maître. — Oui, mon ami, et beaucoup même; avec l'amidon et la matière des tissus, qu'on appelle cellulose, le sucre est le corps le plus communément et le plus constamment rencontré dans les végétaux. Les exemples, les plus frappants de cette vérité, vous les trouvez dans la vigne de nos pays et dans la canne des pays chauds.

Georges. — Et les pommes, les poires, *les gro*seilles, les abricots?

Le maître. — Ce sont des fruits que vous nommez-là, mon ami; toutefois, les poiriers, les pommiers, les groseilliers et les abricotiers qui les produisent contiennent aussi du sucre, beaucoup moins toutefois que les deux végétaux dont je vous ai cité les noms comme exemple. Un autre remarquable résultat des actes de l'assimilation dans quelques végétaux, c'est la formation dans les cellules de l'écorce, de certaines substances bien connues : la quinine qui guérit les fièvres, la morphine qui endort les douleurs et la strychnine qui est un poison violent.

Eugène. — Puisqu'il y a des plantes qui renferment du sucre, y en a-t-il aussi qui renferment du sel ?

Lemaître. — Oui, mon ami, et l'on a même remarqué que certaines plantes, qui croissent sur le bord de la mer, ne viennent pas ailleurs, à moins que ce soit auprès des sables de l'intérieur des terres, dont on vous a parlé, et où ces mêmes plantes peuvent puiser, dans un sol semblable, les minéraux dont elles ont besoin. C'est pour cela que l'agriculture, après avoir étudié la constitution des plantes et la composition des terrains, mêle à la terre, sous le nom d'amendement : des cendres, du plâtre et autres substances, pour améliorer le sol et favoriser la production. C'est aussi pour cela en partie que beaucoup de végétaux ne peuvent pas faire souche dans certains pays. Je dis en partie, parce que le climat est auss pour quelque chose dans la réussite ou l'insuccès d'une implantation nouvelle ; toutefois, il ne faut pas oublier, mes amis, que dépayser une plante, c'est-à-dire la transporter dans un terrain différent de celui dans lequel elle a pris naissance et accroissement, et en même temps nourriture convenable, c'est risquer non seulement de la voir dégénérer, mais encore dépérir absolument.

Pierre. — Alors les plantes poussent précisément là où elles trouvent le plus à manger ?

Le maître. — Pierre, c'est très bien pensé sinon

bien exprimé, car les plantes ne mangent pas, elles se nourrissent : vous direz, une autre fois, que la nature les fait croître dans le terrain qui leur peut procurer d'utiles aliments. Maintenant, mes amis, avez-vous observé quelquefois, sur les écailles du bourgeon, une espèce de vernis qui colle aux doigts; une petite poussière blanche sur les feuilles de quelques végétaux et sur quelques fruits, ou bien encore cette gelée transparente et molle attachée aux feuilles de certaines plantes?

Georges. — Oui , monsieur, j'ai mangé du cresson hier soir, et même, cette épaisse et gluante gelée, dont vous parlez, m'a fait rejeter ma salade avec dégoût; mon père, à ce sujet, m'a grondé.

Le maître. — Votre père a eu raison, mon ami, cette substance n'est pas malpropre et vous n'aviez qu'à l'enlever, sans rien dire, si son contact vous répugnait.

Eugène. — Moi, j'ai vu la poussière blanche sur les choux !

Gustave. — Et moi, sur les prunes et les raisins !

Le maître. — Eh bien ! mes amis, ces substances : gelée, vernis, poussière, on doit les considérer comme un surplus de nourriture dont les végétaux n'ont pas besoin à l'intérieur et qui sert à les alimenter, à leur entretenir la vie extérieurement, en les protégeant contre l'action trop vive de l'air ou de l'eau.

Henri. — C'est comme leur manteau de toile cirée!

Le maître. — Parfaitement! Il arrive parfois, mes amis, que le végétal se débarrasse de la nourriture qu'il contient en excès par des sucs divers qui sortent de l'écorce : la gomme de différents arbres à fruits, la résine des sapins et des arbres verts, ces produits que l'industrie utilise, sont appelés excrétions des végétaux. Quant aux matières impropres à leur nourriture après le travail d'assimilation, les racines les rejettent dans la terre environnante lors de l'arrivée de la sève descendante à leurs extrémités, et c'est ce qui termine pour nous, mes amis, la série des détails qui se rattachent à la nutrition des végétaux.

QUESTIONNAIRE ET SUJETS DE DEVOIRS

1° Quels sont les actes dont l'ensemble est appelé nutrition des végétaux?

2° Comment s'opère l'assimilation?

3° Quelles transformations dans la plante facilitent le travail de l'assimilation?

4° *Quel résultat de l'assimilation peut-on observer dans l'écorce de certains végétaux?*

5° *Le sol où croissent les végétaux est-il indifférent à la nourriture des plantes?*

6° *Que devient dans certaines plantes le surplus de leur nourriture?*

7° *Qu'appelle-t-on excrétion des végétaux?*

CHAPITRE NEUVIÈME

COMMENT LES PLANTES SE REPRODUISENT

LA FLEUR

Le maître. — Connaissez-vous les fleurs, mes enfants ?

Louis. — Oh ! oui, monsieur, ce sont des roses, ou des marguerites, ou des....

Le maître. — .... ou des violettes, ou des lys, ou des boutons d'or, ou des lilas, ou beaucoup d'autres encore n'est-ce pas, étourdi ? Voyons, Henri, vous qui êtes plus réfléchi, savez-vous ce que c'est qu'une fleur ?

Henri. — Je le crois, monsieur, c'est une partie de la plante qui est colorée, odorante, qui s'épanouit après la pousse des feuilles et tombe ensuite, se flé-trissant pour faire place au fruit.

Le maître. — C'est bien un peu cela, mon ami,

mais pas tout à fait, car vous le verrez plus tard, il y a des fleurs qui n'ont ni nuance colorée ni odeur ; il vaut mieux dire que la fleur est l'ensemble des organes ou instruments qui servent à reproduire le végétal, parce que, mes enfants, de même que les animaux, les plantes, elles aussi, se reproduisent. Arrachez ce bouton d'or qui se trouve à vos pieds, Eugène, et je vais vous faire remarquer la composition d'une fleur régulière et complète. Bien, par où tenez-vous cette fleur, mon ami ?

Eugène. — Par la queue, il me semble ?

Le maître. — Cette queue se nomme le pédoncule (A) : vous voyez ces cinq lames ovales et ver-

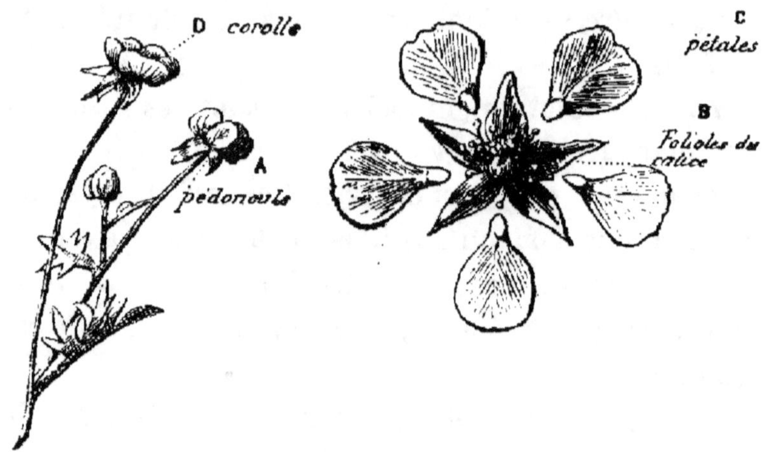

dâtres découpées comme des feuilles, qui s'attachent au pédoncule et qui forment un cercle extérieur (B) ?

Tous. — Oui, monsieur.

Le maître. — Elles s'appellent folioles du calice et leur réunion forme la première enveloppe de la fleur, que l'on désigne sous le nom de calice.

Paul. — Je trouve plutôt que ce sont les fleurs jaunes qui forment le calice, voyez, on dirait une coupe d'or.

Le maître. — Ces cinq lames jaunes (C) que vous appelez improprement des fleurs, mon cher Paul, ont reçu le nom de pétales et forment une seconde enveloppe intérieure au calice. Cette seconde enveloppe nous la nommerons corolle (D) ; au milieu, ces petits filaments terminés et surmontés par un renflement jaunâtre, espèce de chapeau de diverses formes qu'on appelle anthère, constituent les étamines (E). L'anthère, examinée au microscope, laisse voir une petite loge ordinairement double, renfermant une poussière féconde ou pollen des fleurs.

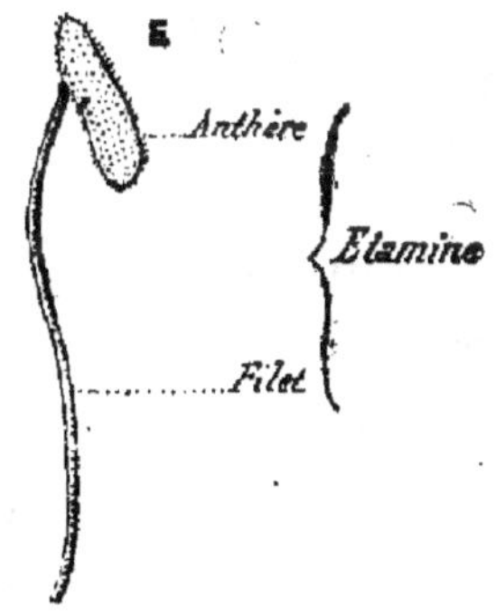

C'est grâce à cette poussière, introduite dans le pistil, dont nous allons parler, que les plantes se renouvellent, voilà pourquoi les étamines sont des organes essentiels à la plante.

Eugène. — Je ne me serais jamais douté qu'il

y eut tant de choses à observer dans une fleur !

Le maître. — Oh! ce n'est pas fini! au centre du bouton d'or, vous remarquez cet amas de petits corps verts, ovales et pressés? ce sont les carpelles dont la réunion forme le pistil qui est, lui aussi, un organe essentiel à la reproduction du végétal (F).

Le pistil est composé de trois parties, dont la plus importante est à sa base un renflement appelé ovaire. Il renferme là les ovules ou petits corps qui deviendront la graine sous l'influence du pollen, à mesure que l'ovaire tout entier deviendra le fruit : au-dessus s'élève un mince filet creux qui prend le nom de style, il se termine par un épanouissement appelé stigmate, qui suinte une liqueur visqueuse à l'époque de la fécondation. C'est alors, et par le stigmate, que le pollen entre dans le pistil et pénètre jusque dans l'ovaire pour féconder l'ovule dont nous avons déjà parlé.

Gustave. — Je ne saisis pas bien, monsieur, comment cette poussière qui est renfermée dans l'anthère ou chapeau de l'étamine peut arriver au stigmate du pistil, et y demeurer.

Le maître. — Le voisinage très rapproché dans la
même fleur, et jusqu'au contact immédiat, de l'anthère et du stigmate vont vous donner, mon ami,
une première explication.

Remarquons bien cette rose ; les étamines sont très voisines des stigmates
du pistil ; lorsque l'anthère s'ouvre élas-
tiquement, elle rejette au dehors le pollen qui la remplissait et tout naturellement une partie de cette poussière
se trouve jetée sur le stigmate qui la
retient dans son enduit visqueux et
sur sa surface inégale ou couverte de
poils.

Si vous ajoutez à cette cause, préparée par la
nature, le transport de cette même poussière par les
insectes qui parcourent les fleurs, et les voyages
qu'elle peut faire d'une plante à une autre, quand le
vent la disperse de tous côtés, vous aurez, mon ami,
l'explication complète de cette difficulté, qui, vous
le voyez, n'en était pas une.

Henri. — Je crois avoir entendu dire au jardinier
du château, en soignant les potirons, qu'il choisis-
sait de préférence les plus belles fleurs femelles.
Qu'est-ce que cela veut dire, je vous prie ?

Le maître. — Rien de plus simple, mon ami. Le
pistil, vous le savez, renferme dans l'ovaire la

graine, c'est-à-dire l'œuf de la plante; toute fleur, qui n'aura que des pistils, sera appelée fleur femelle, par contre on appellera fleur mâle, celle qui ne portera que des étamines; et hermaphrodites. celles qui auront à la fois étamines et pistils; il y a des plantes qui produisent à la fois des fleurs mâles et des fleurs femelles, dont les rapports mutuels des étamines de l'une sur le pistil de l'autre sont les agents de leur reproduction : par exemple, les potirons, dont vous parliez à l'instant, et les noisetiers que tous vous connaissez bien !

Gustave. — Toutes les plantes ne renferment donc pas nécessairement tous les organes reproducteurs dont vous venez de nous parler ?

Le maître. — Non, mon ami, il existe même des fleurs qui n'ont absolument que les deux enveloppes du calice et de la corolle, elles peuvent devenir fort belles, mais ne sont qu'un ornement stérile, vous le comprenez sans peine. La plante meurt avec elles sans espoir de reproduction ; on les nomme fleurs neutres ; d'autres, appelées fleurs nues, sont dépourvues de calice et de corolle, mais ces enveloppes n'étant pas des parties essentielles, elles peuvent, grâce aux étamines et aux pistils, se reproduire, se multiplier. Je dois vous apprendre aussi, mes enfants, que pour supporter la fleur, le pédoncule en s'élargissant forme un fond connu sous la double appellation de réceptacle ou de torus.

Paul. — Et d'où tirent-elles leur parfum, les fleurs, monsieur, s'il vous plaît?

Le maître. — J'y arrive, mon enfant! sur ce réceptacle ou torus de la fleur, on observe souvent de très petites glandes ou de petites lames (H) par-

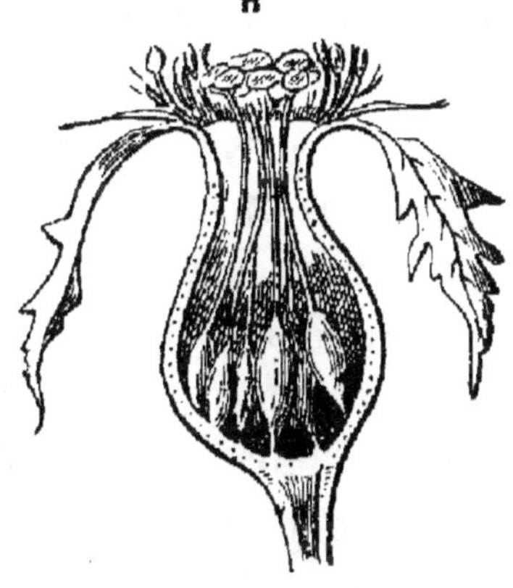

semées de points qui sécrètent constamment une liqueur; cette liqueur est sucrée et très odorante, c'est le miel ou nectar des fleurs; dans la rose tout le torus est couvert de ces glandes appelées nectaires; c'est l'évaporation de cette liqueur qui constitue le parfum des fleurs, et c'est cette liqueur même que les abeilles viennent puiser sur ces fleurs pour en composer leur miel.

Louis. — Moi, qui ne suis pas une abeille, mais qui aime beaucoup les bonnes odeurs, je vais, à la saison, m'entourer dans ma chambre de toutes les fleurs que je pourrai cueillir, et je finirai bien par voir si la plus parfumée est bien celle qui a le plus de glandes.

Le maître. — Gardez-vous bien, mon ami, de faire cette expérience à l'intérieur de la maison, ce serait très dangereux. En principe, mes enfants, ne gardez jamais de fleurs dans les appartements bien clos, surtout dans ceux où l'on doit coucher. Contrairement à ce que font les feuilles pendant le jour, les fleurs prennent jour et nuit l'oxygène de l'air, et rejettent beaucoup d'acide carbonique ainsi que d'autres émanations non moins dangereuses. De nombreux cas d'empoisonnement ou d'asphyxie, suivis de mort, n'ont pas toujours suffi à prévenir de déplorables imprudences. Que votre étude d'aujourd'hui sur les fleurs, vous serve au moins sur ce point, mes chers amis, et la leçon, quand bien même vous ne l'auriez pas retenue tout entière, n'aura pas été perdue ; d'ailleurs nous pourrons bien y revenir.

QUESTIONNAIRE ET SUJETS DE DEVOIRS

1° *Qu'est-ce qu'une fleur en général ?*
2° *Qu'est-ce que la fleur d'une façon bien précise ?*
3° *Qu'appelle-t-on pédoncule, calice et corolle ?*
4° *Qu'est-ce que l'étamine, sa composition ?*

5º *De quelle manière le pollen peut-il entrer en communication avec le pistil?*

6º *Qu'est-ce qu'une fleur mâle et une fleur femelle? Exemple.*

7º *Qu'appelle-t-on fleurs neutres et fleurs nues ?*

8º *Quel est le rôle des nectaires dans les fleurs ?*

9º *Pourquoi faut-il éloigner les fleurs des chambres à coucher ?*

CHAPITRE DIXIÈME

COMMENT LES PLANTES SE REPRODUISENT

(*Suite*).

LE FRUIT

Le maître. — Vous avez bien compris, mes petits amis, que la fleur a terminé sa mission aussitôt que le pollen s'est introduit dans le pistil ; c'était surtout pour répandre ce pollen sur le stigmate que la fleur s'est épanouie ; maintenant, vous allez la voir se flétrir dans ses parties essentielles, le stigmate et l'anthère, qui n'ont plus de rôle à jouer ; puis, ses parties accessoires, le style, la corolle et le calice disparaîtront à leur tour et il ne restera plus que l'ovaire, dans lequel vont se réfugier toutes les merveilles de la reproduction de la plante.

Georges. — Vous deviez nous parler des fruits, monsieur, ou du moins vous l'aviez promis !

Le maître. — Votre patience me paraît plus gourmande que studieuse, mon pauvre Georges. C'est précisément du fruit que je vous parle à l'instant. L'ovule, en qui s'est concentrée la vie de la plante, et l'ovaire, sa petite maison, vont croître et grossir ensemble, prendre une figure nouvelle, des caractères nouveaux et aussi des noms nouveaux. L'ovule, petit œuf du végétal, devient la graine, et l'ovaire devient le péricarpe, c'est-à-dire l'enveloppe du fruit. Henri, ramassez à terre, je vous prie, ce pavot desséché. Très bien. Que tenez-vous entre les doigts ?

Henri. — Une sorte de petite bourse ronde fermée par un chapeau·

Le maître. — Agitez-la !

Henri. — Oh ! il y a des graines, et beaucoup ; on s'en aperçoit au bruit de leur froissement.

Le maître. — Eh bien! mes amis, ces petites graines sont les ovules, et cette membrane côtelée qui les contient s'appelle le péricarpe ; au dedans, elle a son épiderme intérieur en contact avec les ovules, c'est l'endocarpe ; ce que vous touchez du doigt, son épiderme extérieur, prend le nom d'épicarpe ; et l'épaisseur, placée entre ces deux épidermes, est appelée mésocarpe ; c'est comme si vous disiez le dedans, le dehors et le milieu du fruit.

Eugène. — Il est donc bien nécessaire de distinguer ces trois parties ?

Le maître. — Oui, mon ami, et vous allez voir pourquoi :

Gustave, veuillez me faire passer le panier dont je vous ai chargé à notre départ de la maison.

Tous. — Tiens, une pêche !

Georges. — Et une belle, encore !

Le maître. — Oui, mes amis, c'est une pêche, cette peau veloutée et recouverte de duvet, nous devons l'appeler épicarpe, la chair savoureuse et juteuse qu'elle recouvre sera naturellement le mésocarpe, et le noyau l'endocarpe, la graine ou ovule, grossie en même temps que le fruit, n'est autre que l'amande renfermée dans le noyau. Vous remarquez bien, mes enfants, que ce fruit est formé par un seul ovaire! et que le mésocarpe est sa partie savoureuse et comestible.

Gustave. — C'est bien facile à retenir.

Le maître. — Cette noix verte est aussi, mes enfants, un fruit composé d'un seul ovaire, mais l'épicarpe et le mésocarpe, constituent cette enveloppe qu'on nomme le brou; l'endocarpe c'est cette enveloppe dure et ligneuse qu'il faut briser, et la seule partie mangeable de ce fruit, c'est la graine elle-même que nous appelons noix ; il en est de même pour l'amande. Maintenant, ouvrons cette poire.

Combien remarquez-vous de pépins , Pierre ?

Pierre. — Cinq, monsieur, dans
cinq petites loges tapissées d'une
petite corne blanche.

Le maître. — Ce n'est pas de la
corne, mon ami c'est une couche
écailleuse transparente à laquelle
il faut donner son vrai nom, qui
est... ?

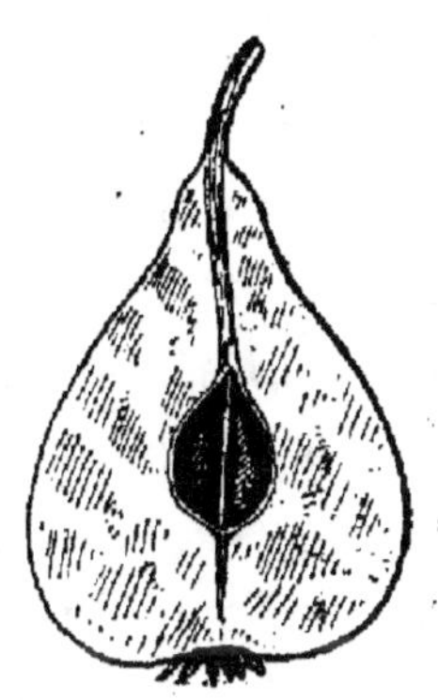

.   .   .   .   ,   .   .   .

Gustave. — L'endocarpe, il me semble.

Le maître. — Très bien, mon ami, le pépin c'est
la graine ; le mésocarpe, c'est encore cette belle
chair blanche que vous pouvez manger, mes amis,
et la peau de la poire, vous l'appellerez l'épicarpe.

Quelle différence trouvez-vous, Henri, entre cette
poire que je vous montre et la pêche que je vous ai
montrée tout à l'heure ? Je ne parle pas d'une diffé -
rence extérieure, mais d'une différence intérieure.

Henri. — Il me semble, monsieur, que la pêche,
vous l'avez dit, est formée d'un seul ovaire, tandis
qu'il me semble que la poire est un fruit, résultat de
cinq ovaires réunis, puisqu'il y a cinq graines dans
le cœur du fruit.

Le maître. — C'est tout à fait cela et je suis très
content de votre attention, mon ami ; donc, nous
pouvons dire qu'il y a deux grandes sortes de fruits,

les uns formés d'un seul ovaire indépendant et les autres formés de plusieurs ovaires réunis.

Nous appellerons les premiers apocarpés et les seconds syncarpés. Je dois aussi vous apprendre, mes enfants, que les graines mûrissent en même temps que les fruits, et que, dans la saison où le fruit est bon à manger, la graine est bonne à produire ; mais, avant cette époque, il faut que la graine sorte de son enveloppe ; les fruits qui s'ouvrent d'eux-mêmes pour lui laisser sa liberté s'appellent déhiscents et les autres indéhiscents, c'est-à-dire fruits qui s'ouvrent et fruits qui ne s'ouvrent pas.

Parmi ceux qui s'ouvrent, formés d'un seul ovaire,

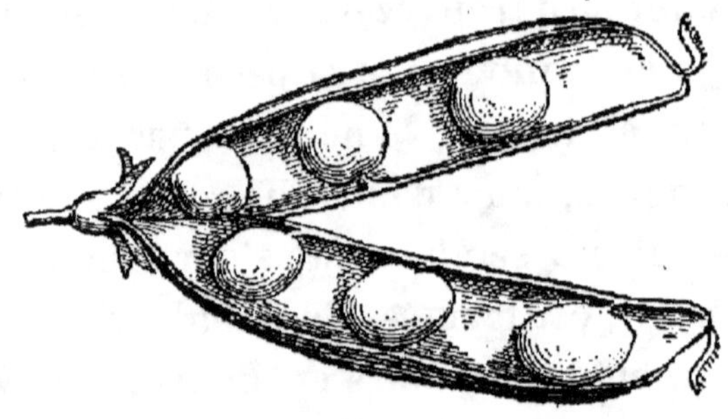

je vous citerai, par exemple, la gousse du pois, qui s'entr'ouvre en desséchant et laisse tomber la graine ; et, parmi ceux qui ne s'ouvrent pas, toujours formés d'un seul ovaire, la prune ou la cerise, dont

la chair, appelée drupe, doit disparaître par la con-
sommation ou la décomposition avant que la graine
puisse accomplir sa germination.

Gustave. — En est-il de même pour les fruits
formés de plusieurs ovaires.

Le maître. — Absolument, mon ami. Ainsi, il faut
que les pépins soient délivrés du péricarpe de la
poire pour reproduire à leur tour ; tandis que les
convolvulus, les cam-
panules, les mourons
rouges, ouvrent d'eux-
mêmes leur capsule
pour que la graine
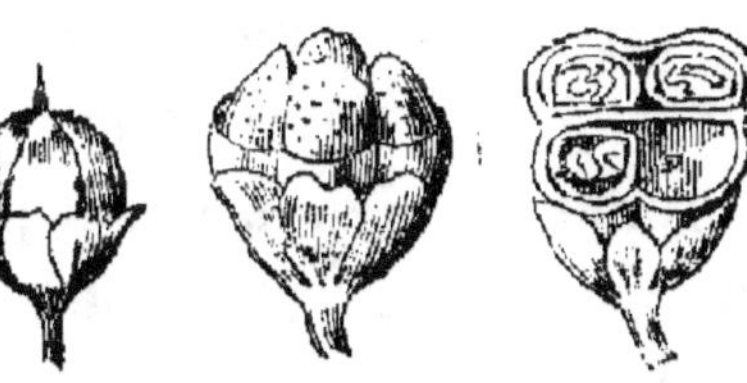
puisse accomplir ses nouvelles fonctions.

Eugène. — Et une fois qu'elles sont dégagées de
leur péricarpe et rendues libres, comment ces graines vont elles à droite et à gauche reproduire la
plante ? elles ne peuvent marcher, naturellement,
et doivent rester sur place.

Le maître. — Votre question n'est pas de trop,
Eugène.

En effet, on appelle dissémination l'acte par lequel
les graines s'éparpillent plus ou moins loin pour
vivre de leur vie à elles. L'ébranlement donné à la
plante par le vent ou la pluie en projette quelques-
unes à de certaines distances, d'autres sont trans-
portées par les animaux grands ou petits qui les

enfouissent volontairement pour s'en nourrir, ou involontairement dans leurs courses sur le sol préparé ; d'autres graines enfin pourvues d'aigrettes donnent prise au vent qui les emporte au loin.

Gustave. — Jusqu'à présent je comprends bien, mais comment la nouvelle plante va-t-elle sortir de cette graine ?

Le maître. — Patience, mes amis, maintenant que cette graine est libre, nous allons la voir produire. Elle renferme, depuis que le pollen l'a visitée, comme vous vous le rappelez bien, un embryon, c'est-à-dire, en extrêmement petit, la plante dont elle est sortie elle-même ; cet embryon se compose de trois parties ; de la radicule qui formera plus tard, en se dirigeant vers la terre, la racine ; de la tigelle qui s'élèvera dans l'air en prenant le nom de tige et d'un premier bourgeon microscopique appelé gemmule, contenant, en dimensions proportionnées, la feuille à venir ; il grossit peu à peu, dans la graine devenue libre, en attendant la germination.

L'air, la chaleur, l'humidité réunis ramollissent la graine ; pendant ce temps-là, l'embryon se nourrit, en grossissant encore, des fécules contenues dans la graine ; la graine du pois nous en donne un exemple, l'enveloppe de la graine devenue molle et tendre, se rompt pour livrer passage à la radicule de l'embryon ; cette radicule s'allonge de haut en bas vers le centre de la terre, puis voici la tigelle et le gemmule qui cherchent l'air et le ciel ; enfin les cotylédons, ces premières nourrices de l'embryon qui forment, à leur sortie de terre, une feuille encore nourricière et protectrice, jusqu'à ce qu'épuisés ils se flétrissent et tombent au moment où la jeune plante est assez forte pour vivre par elle-même de la vie des végétaux. Tenez, dans cette graine de pois coupée en deux, voilà l'embryon et ces deux valves, ouvertes et pleines de fécule, sont les cotylédons.

Henri. — Et c'est ainsi pour toutes les plantes, monsieur ?

Le maître. — Pour toutes, mon ami ; cependant toutes n'ont pas de cotylédons, d'autres n'en ont qu'un seul ; mais nous parlerons de cela en classant les végétaux, pour aujourd'hui la leçon me paraît assez longue, et vous aurez assez à faire de la bien retenir.

QUESTIONNAIRE ET SUJETS DE DEVOIRS

1° *Que se passe-t-il après l'épanouissement de la fleur ?*

2° *De quoi le fruit est-il composé ?*

3° *Qu'est-ce que l'épicarpe, le mésocarpe et l'endocarpe ?*

4° *Donnez des exemples d'un fruit formé par un seul ovaire, la pêche, la noix.*

5° *De combien d'ovaires la poire est-elle formée ?*

6° *Qu'appelle-t-on fruits apocarpés et fruits syncarpés ?*

7° *Qu'appelle-t-on fruits déhiscents et fruits indéhiscents ?*

Donnez des exemples.

8° *Qu'est-ce que la dissémination ?*

9° *A quelle époque paraît l'embryon dans la graine, de combien de parties se compose-t-il ?*

10° *Que se passe-t-il au moment de la germination.*

11° *Qu'est-ce qu'un cotylédon ?*

CHAPITRE ONZIÈME

COMMENT LES PLANTES PEUVENT SE CLASSER

Le maître. — La partie la plus difficile de la botanique est, sans aucun doute, mes enfants, la classification des végétaux. Pourtant si l'on veut se reconnaître et se retrouver au milieu des cent-cinquante mille espèces de plantes, connues aujourd'hui, un classement rationnel est plus que jamais nécessaire. Les premiers naturalistes, qui étudiaient les plantes, au point de vue de la médecine, avaient fondé leur classement sur la nature des services rendus à l'homme par les végétaux connus.

Plus tard on donna à ces végétaux vers la fin du XVIe siècle un classement d'après les caractères de leur conformation ; le système était fondé sur l'étude du fruit et de la graine ; à partir de cette première classification incomplète, il est à remarquer que toujours l'étude du fruit et de la graine fut un des caractères essentiels de toute classification.

Henri. — Mais, monsieur, qu'appelez-vous classification ?

Le maître. — Mon ami, on appelle classification le rangement d'objets de même nature, d'après certaines conventions ou d'après certains caractères naturels communs à ces objets.

Quand on classe des objets, par suite de conventions établies, c'est une classification artificielle, c'est-à-dire un système ; quand on les classe, au contraire, d'après les ressemblances que la nature a établies entre eux, c'est une classification naturelle appelée méthode.

Gustave. — Vous nous avez dit tout à l'heure cent cinquante mille plantes, monsieur, mais nous ne pourrons jamais les classer, et d'ailleurs comment nous y prendre ?

Le maître. — En procédant, mes amis, comme ont procédé les maîtres de la science : Tournefort, Linné, de Candolle, Jussieu et les autres, avec les végétaux semblables entre eux, ils ont formé les espèces ; d'un certain nombre de ces espèces, groupées en raison de leur ressemblance, ils ont formé les genres ; les genres, rapprochés entre eux, donnèrent naissance aux familles, les familles à leur tour furent groupées dans les classes qui dépendirent elles-mêmes des trois embranchements principaux. C'est la méthode naturelle de Jussieu, que je vous résume, mes amis, parce que c'est la classification qui réunit aujourd'hui les suffrages de presque tous les savants.

Henri. — Mais, monsieur, pour reconnaître que telles ou telles plantes appartiennent à telle ou telle famille, comment a-t-on fait ?

Le maître. — On a choisi dans les plantes une partie caractéristique, les organes de la reproduction, par exemple, et l'on a rangé dans la même famille tous les végétaux qui possèdent les caractères de reproduction assignés a cette famille pour qu'elle ne soit pas confondue avec les autres.

Louis. — Des familles de légumes, des familles de fleurs, c'est assez drôle.

Le maître. — Ce qui vous semblera plus drôle encore, mon ami, et qui n'est pas moins vrai, c'est que ces familles ont toutes leur nom particulier, et que, par conséquent, les plantes peuvent se vanter d'avoir des noms de famille.

Ainsi la famille des ombellifères tire son nom de sa manière de fleurir en forme de parasol, comme le fenouil que vous connaissez bien; la famille des légumineuses reçoit le sien de son fruit et possède parmi ses membres bien connus le petit pois farineux et sucré ; la famille des crucifères emprunte son nom à sa corolle formée de quatre pétales disposées en forme de croix comme celle de la giroflée ; la famille des graminées est ainsi appelée de l'ensemble de la plante, presque toujours herbacée comme le gazon, ainsi l'épi de blé ; d'autres familles tirent leur nom de la plante qui lui sert de type principal.

Gustave. — Connaît-on ainsi beaucoup de familles, monsieur ?

Le maître. — Deux cent soixante-seize, mon ami, jusqu'à présent ?

Pierre. — Je désespère de jamais les connaître toutes.

Le maître. — Ce n'est pas du tout nécessaire, mon ami, je dirai même que ce n'est pas possible ; mais, ce qui est possible et facile avec du travail, c'est d'en connaître quelques-unes choisies avec soin, pour avoir une idée des autres et de l'ensemble de la classification naturelle. Toutes ces familles sont distribuées en quinze classes qui se trouvent comprises dans les trois embranchements de la méthode : 1° les végétaux acotylédonés, ou sans cotylédons, c'est-à-dire les plantes qui se reproduisent sans graines sans embryon, comme les mousses, les champignons, etc. ; 2° les végétaux monocotylédonés qui n'ont qu'un cotylédon pour nourrir la graine, comme les lys, les tulipes ; 3º les végétaux dycotylédonés, qui ont deux cotylédons pour donner nourriture et force à l'embryon, comme les pois, les haricots.

Henri. — Voilà bien les grandes divisions, monsieur, mais les quinze classes comment se distinguent-elles les unes des autres ?

Le maître. — Cette étude, mon ami, nous entraînerait trop loin pour aujourd'hui, et je vous en parlerai plus utilement en détail quand vous serez familiarisés avec les plantes et les familles, à l'aide du peu que je vous ai appris, et que vous savez déjà.

QUESTIONNAIRE ET SUJETS DE DEVOIRS

1º Quels ont été les premiers essais de classification?

2º Qu'appelle-t-on classification?

3º Qu'est-ce qu'un système, et qu'est-ce qu'une méthode?

4º Donnez une idée des classifications en résumant la méthode naturelle de Jussieu.

5° *Comment a-t-on distingué les familles des végétaux ?*

6° *Comment les familles des végétaux ont-elles reçu leur nom ?*

7° *Combien y a-t-il de familles ? Est-il nécessaire de les connaître ?*

8° *Qu'est-ce que les trois grands embranchements de la méthode naturelle ?*

CHAPITRE DOUZIÈME

COMMENT LES PLANTES SONT UTILES

Le maître. — La leçon d'aujourd'hui, mes bons enfants, ne sera, à proprement parler, qu'une revue rapide de ce que vous avez appris depuis longtemps déjà, sans doute, et de différents côtés, avant même que nous ayons parlé botanique. Ce sera une grande et belle preuve de plus à ajouter à cette vérité que Dieu n'a rien fait d'inutile dans la nature, mais pour ne pas nous embarrasser dans des détails trop longs, procédons avec ordre, si vous le voulez bien. Quels sont, à votre avis, les premiers besoins de l'homme sur la terre, mes amis ?

Georges. — Manger et boire, monsieur !

Le maître. — Si vous disiez se nourrir, l'expression dénoncerait moins votre inclination tant soit peu gourmande, mon ami. Dans le fond, vous avez raison, le premier besoin de l'homme sur la terre, c'est de se nourrir. Eh bien ! je vous le demande, mes enfants, connaissez-vous une plante utile entre toutes et qui sert de base à l'alimentation de l'homme.

Tous. — Oh! oui, monsieur, le blé !

Le maître. — Oui, mes amis, le blé et aussi toutes les céréales.

Louis. — Les céréales?

Le maître. — Sans doute mon ami, on appelle ainsi toutes les plantes alimentaires qui croissent en épi, à la manière du gazon, ce qui leur a fait donner aussi par la science le **nom de graminées** et qui se récoltent à peu près à la même saison, l'été. Les païens croyaient que la déesse Cérès présidait à ces moissons et les favorisait ; d'où l'on a donné le nom de céréales au froment, au seigle, à l'orge, à l'avoine, comme aussi au maïs et au riz, qui sont le blé des pays chauds. La famille des légumineuses avec les fèves, les petits pois, les haricots, celle des solanées avec les pommes de terre et les tomates, celle des crucifères avec les choux, les navets, les raves et les radis, nous fournissent des mets que viennent relever dans la cuisine, pour mieux flatter le palais : la moutarde, le cresson, le poivre, les oignons, l'ail, les poireaux et une foule d'autres plantes qu'il serait trop long d'énumérer et dont vous connaissez bien l'usage et le goût.

Georges. — Oh ! oui, monsieur !

Henri. — Le pain est-il d'un usage universel, monsieur ?

Le maître. — Non, mon ami, au moins le pain de froment, mais partout la nature produit pour l'homme une nourriture féculente ; ainsi dans l'Amérique méridionale, c'est une racine vénéneuse avant la cuisson qui sert de pain à la population. Une fois râpée, cuite, lavée et tamisée elle donne la substantielle farine de manioc, dont la fécule la plus pure, déposée dans le lavage, constitue le délicieux tapioca. Ce n'est pas la première plante, du reste, dont la racine serve de nourriture à l'homme.

Gustave. — Oh ! non, monsieur, la carotte, entre autres, dont vous nous avez déjà parlé.

Le maître. — D'autres plantes portent à leur sommet la base de l'alimentation de certaines populations, par exemple, les châtaigniers, dont le fruit farineux constitue une sorte de pain pour les habitants des Apennins et des Alpes, en Italie et en France, et dans cette dernière contrée, pour ceux des Cévennes et du Limousin.

Henri. — De cette manière, on peut le dire, les végétaux sont utiles à l'homme depuis les pieds jusqu'à la tête.

Le maître. — C'est le mot juste ! Si vous voulez des fruits pour dessert, les pommiers, les poiriers, les pruniers, les noyers, les amandiers, les orangers, les abricotiers et les pêchers, vous attirent par la couleur et le parfum de leurs fruits sur le fond de verdure qui décore leurs grands bras tendus vers vous. Et maintenant vous avez soif, après avoir tant mangé ! Eh bien ! la vigne vous offre le vin, que le raisin fermenté fait bouillir dans la cuve ; la pomme et la poire donnent une acidité rafraîchissante au cidre et au poiré de Bretagne et de Normandie. Le houblon et l'orge préparent la bière fraîche et nourrissante. Et après l'infusion du café qui termine le repas des jours de fête, le vin distillé donne son eau-de-vie, et la canne à sucre son rhum. Le sucre lui-même, son premier produit, a déjà donné une saveur à votre café. Eh bien ! mon ami Georges, êtes-vous content des végétaux !

Georges. — Oh ! oui, monsieur, il y a de quoi !

Le maître. — Mais l'homme a aussi grand besoin de se vêtir !

Louis. — Il ne s'habille pas de feuilles d'arbres, j'imagine.

Le maître. — Il fut un temps où l'homme n'y manquait pas, mais aujourd'hui le cotonnier, qui lui donne son duvet pour de chauds vêtements, le chanvre et le lin qui servent à fabriquer son linge de ménage et son linge de corps, le mûrier dont la feuille nourrit les vers qui lui tissent la soie et dont l'écorce en même temps sert à fabriquer une toile souple et brillante, le figuier, dont le lait contient en substance l'imperméable caoutchouc ; tous ces végétaux trouvent en eux les ressources nécessaires au vêtement de l'homme, comme d'autres à son alimentation.

Gustave. — Mais, monsieur, c'est admirable : le règne végétal suffit à tout sur la terre, il me semble.

Le maître. — Non, mon ami, puisque nous avons établi en principe que la Providence n'avait rien créé d'inutile ; nous devons, et c'est justice, laisser une place plus large encore aux œuvres du Créateur. Néanmoins, je n'aurais accompli qu'une partie de ma tâche, si je vous laissais ignorer que la médecine, surtout, a trouvé des secours précieux dans une foule de plantes pour le soulagement et la guérison de la plupart des maladies. La fièvre vient-elle vous retenir au lit sous ses étreintes brûlantes ? le quinquina vous présente son écorce salutaire. Souffrez-vous des vers intestinaux ? la racine du grenadier détruit le ténia, l'absinthe et le semen-contra vous apportent leur aide contre de moins graves ennemis. Si vous avez besoin de purifier votre sang, le cresson, la laitue, la moutarde, la douce-amère feront merveille ; pour vous *purger* plus activement, voici l'huile de ricin, l'aloès, la rhubarbe et l'ipécacuanha ; pour les maladies du cœur, la digitale ; pour la poitrine, le lichen, les mauves et la bourrache ; pour l'estomac, la camomille, la menthe, la mélisse, la lavande et le tilleul ; pour les blessures, l'huile de mille-pertuis, la consoude et l'arnica ; pour les yeux, le plantain ; pour les cors aux pieds, la joubarbe ; et l'ellébore, pour le cerveau. Je vous fais grâce encore, mes enfants, d'une foule de maladies et de leurs remèdes appropriés, trouvés depuis longtemps parmi les végétaux.

Henri. — Si jamais on me demande comment les plantes sont utiles je ne serai certes pas embarrassé de répondre.

Le maître. — Et vous pourrez ajouter encore, mon enfant, que beaucoup d'entre elles apportent un concours précieux à l'industrie des hommes. C'est ainsi que nos grands arbres, les chênes, les platanes, les sapins et les arbres verts, présentent leurs troncs solides et durs pour la construction des édifices et des navires ; que les noyers, les peupliers, les cerisiers, les ormeaux, les frênes, etc., sont employés dans le charronnage, la menuiserie et l'ébénisterie ; que l'érable, l'acajou, le buis et le troène fournissent la matière nécessaire au tourneur et au tabletier pour leurs ouvrages de choix, que le

troène encore, le cumin, le campêche et la garance
font la joie du teinturier ; que les divers fourrages,
trèfles, sainfoin, betteraves, sont la richesse de l'industrie agricole, que le chêne-liège alimente les
fabriques de bouchons ; que l'agaric, un champi-
gnon séché fournit l'amadou ; que le sapin, en même
temps qu'il donne son bois, enrichit son proprié-
taire de résine, de térébenthine, de poix, de noir de
fumée et de goudron ; que les roses, les jasmins, et
d'autres fleurs embaumées, se dépouillent de leur
douce odeur au profit de la parfumerie ; enfin, pour
ne pas vous fatiguer et arrêter à quelque endroit
une liste interminable dans le fond, si nous payons
le sucre moins cher, c'est grâce aux carottes et aux
betteraves qui ont fait concurrence à la canne à
sucre des pays chauds. Pour nous résumer, mes
enfants, dans nos pays et partout ailleurs, les végétaux dans leur bois, leur écorce, leurs feuilles,
leurs fleurs, leurs racines et leurs sucs, offrent à la
fois aux hommes, pour lesquels la Providence les a
créés, la commodité du travail, les éléments de l'industrie, le remède à leurs souffrances et par-dessus
le marché, le vêtement, le vivre et le couvert.

QUESTIONNAIRE ET SUJETS DE DEVOIRS

1o *Quelle est la base de l'alimentation humaine ?*

2o *Qu'appelle-t-on céréales et pourquoi ?*

3o *Quelles autres familles concourent à l'alimentation ordinaire de l'homme ?*

4o *Quels végétaux servent de pain aux habitants de l'Amérique méridionale et à ceux des Apennins, des Cévennes et du Limousin ?*

5o *Quels végétaux contribuent aux diverses boissons, et comment ?*

6o *Quelles plantes fournissent à l'homme de quoi se vêtir ?*

7o *Quels principaux remèdes trouve-t-on dans les végétaux, pour les maladies les plus répandues ?*

8o *Donnez le résumé rapide des industries auxquelles les végétaux prêtent leur concours ?*

CHAPITRE TREIZIÈME

DE LA DURÉE DES PLANTES

Le maître. — Quand vous serez assez avancés pour vous servir de livres de botanique vous rencontrerez sous vos yeux quelques expressions et quelques signes, dont je crois nécessaire, mes enfants, de vous expliquer le sens dès aujourd'hui. Sans cela vous ne pourriez déterminer aucune plante.

Gustave. — Qu'est-ce que déterminer une plante, monsieur, s'il vous plaît ?

Le maître. — C'est étudier attentivement les caractères de cette plante, sa racine, sa tige, ses feuilles, sa fleur, et reconnaître, par cette étude, à quel genre et à quelle famille appartient la plante étudiée. A côté des caractères indiqués, vous trouverez parfois le signe ⊙ ou l'expression *annuelle ;* l'un

et l'autre veulent dire que la plante qui en est affec-
tée, produit et meurt dans une seule année ; le signe ♂ ou l'expression *bisannuelle* veulent dire à leur
tour que la plante accomplit dans l'espace de deux
ans, la série des actes de son existence, le signe ♃
ou le terme vivace, nous apprennent que la plante
vit un nombre d'années indéterminable ; enfin, le signe ♄ désigne un végétal ligneux, arbre ou arbrisseau, dont la longévité peut être considérable, ainsi
que nous l'apprendront quelques cas particuliers.
Voyons, Eugène, si vous avez compris ; si je vous
écris au tableau, Blé ☉. — Comment lirez-vous ?

Eugène. — Blé, plante annuelle.

Le maître. — Avoine folle ♂.

Eugène. — Avoine folle, plante bisannuelle.

Le maître. — Très bien ! A vous Paul, si j'écris
fraisier ♃. Que lirez-vous ?

Paul. — Je lirai fraisier, plante vivace.

Le maître. — Et si j'écris poirier ♄.

Paul. — Je lirai poirier qui peut vivre très longtemps.

Louis. — Ah ! très longtemps, la bonne farce !

Le maître. — Si vous étiez un peu plus fondé à
rire, mon pauvre Louis, je ne vous ferais pas d'ob-
servation : mais vous rendrez justice à Paul quand
vous saurez que le savant naturaliste, Bosc, cite, près
d'Erford, en Angleterre, un poirier dont le tronc

avait dix-huit pieds de circonférence, et il en a vu lui-même auquel il donne trois ou quatre siècles d'existence. Mais avant de donner d'autres exemples , je dois vous apprendre, mes enfants, qu'il y a des plantes annuelles par leur tige, et vivaces par leurs racines, ainsi le dahlia et l'asperge qui, tous les ans, laissent tomber leurs fleurs et leurs tiges et dont la racine donne l'année suivante, une nouvelle tige et de nouvelles fleurs.

Henri. — Quelle est la durée d'existence des arbres de nos contrées, s'il vous plaît, monsieur ?

Le maître. — Fort variée, mon ami : les pins, par exemple, vivent en général plus d'un siècle ; en Suède, il en existe de quatre cents ans. L'existence ordinaire des pommiers varie de quarante à cinquante ans. Il n'est pas très rare de rencontrer des oliviers de trois siècles : vous savez aussi qu'on dit du chêne que c'est un arbre séculaire, on n'a pas de peine à en convenir, en constatant la lenteur de sa croissance et, d'autre part, en se rappelant qu'il en existe encore dans la forêt de Fontainebleau, dont le tronc a trente pieds de tour et qui ne commencent à avoir des branches qu'à quarante pieds au-dessus du sol : les chênes de six cents ans sont assez communs. Dans tout cela n'oubliez pas ce que nous avons déjà dit depuis longtemps, mes amis, qu'on peut calculer les années d'un arbre, en comptant les cercles concentriques de bois resserrés tous les ans autour de sa moelle.

Gustave. — Les arbres des autres pays vivent-ils plus longtemps que ceux de nos contrées ?

Le maître. — Oui, en général dans les pays chauds. Pourtant le caféier meurt ordinairement après quarante ans d'existence. Les cèdres sont connus depuis longtemps pour leur longévité, il en reste encore quelques-uns dans le Liban, contemporains, dit-on, de ceux que Salomon employait à la construction du temple de Jérusalem. Le botaniste, Houel, a donné l'histoire du châtaignier de l'Etna; qui mesure cent soixante pieds de circonférence et auquel on donne à raison de cette énorme dimension, l'âge de quatre mille ans. Il porte dans l'histoire le nom de l'arbre des cent cavaliers, depuis que, pendant un orage, la reine Jeanne d'Aragon, suivie de la noblesse de Catane, vint demander l'abri à son immense voûte de feuillage. Les platanes sont aussi extrêmement vivaces, plus de huit cents ans a près la guerre de Troie on voyait encore, en Arcadie, un platane planté par le roi Ménélas lui-même. Le baobab, au dire du célèbre Adanson, atteint parfois six mille ans, ce qui le ferait contemporain du premier homme. Quant au draconier, dont le plus beau type se rencontre dans les îles Canaries, la lenteur de son accroissement observé, et sa colossale circonférence de quarante-cinq pieds de tour en font un des plus anciens végétaux de notre planète. Nous n'aurons probablement, ni vous, ni moi, mes enfants, l'occasion de constater, par nous-mêmes, de pareilles longévités ; et, sur ce point, nous sommes obligés de nous en rapporter à ceux qui sont allés plus loin que nous et sur les chemins de notre globe et sur le chemin de la science.

QUESTIONNAIRE ET SUJETS DE DEVOIRS

1º *Qu'est-ce que déterminer une plante ?*

2º *Qu'est-ce que la plante annuelle et bisannuelle ?*

3º *Combien y a-t-il de sortes de plantes vivaces ?*

4º *Quelle est en général la durée d'existence de certains de nos arbres fruitiers ou forestiers ?*

5º *Donnez quelques exemples de longévité remarquable dans les végétaux ?*

6º *Quels sont les plus anciens végétaux de notre globe ?*

CHAPITRE QUATORZIÈME

HISTOIRE ET GÉOGRAPHIE DES PLANTES

Le maître. — Voilà, mes chers amis, que nos promenades touchent à leur fin ; il est temps de terminer, par quelques observations utiles, la série de nos modestes leçons élémentaires, et j'ai pensé bien faire en vous donnant, aujourd'hui, un rapide aperçu de la géographie botanique en général, et en vous indiquant ensuite la provenance de certaines plantes précieuses dont se sont enrichies nos contrées, et que nous nous sommes habitués, par la suite des temps, à regarder comme les produits de notre sol.

Henri. — Et puis, il n'y aura plus rien à apprendre, monsieur, en botanique ?

Le maître. — Oh ! mes enfants, vous aurez au contraire beaucoup à apprendre encore, et lorsque vous serez un peu plus avancés dans la physique et la chimie, si vous voulez faire de la botanique une étude approfondie, vous verrez s'élargir devant vous la route des intéressantes et des grandes questions : pour le présent, si vous avez bien retenu mes explications, cela suffit et l'on aurait mauvaise grâce à exiger plus de votre âge ; pour revenir à notre sujet, vous pouvez considérer les végétaux dans le milieu physique où ils vivent, et vous dites alors, cette plante croît dans les montagnes, sur le bord des rivières, dans le sable des côtes de la mer : vous indiquez par là ce qu'on nomme sa *station*.

Vous pouvez ainsi considérer tel pays, ou telle partie d'un pays, où la plante est fréquemment rencontrée, comme le Limousin où croissent les châtaigniers ; la Chine, patrie du thé ; l'Amérique, où le maïs est la culture principale du pays, vous indiquez par là ce qu'on nomme l'*habitation* de ces trois plantes, le châtaignier, le thé et le maïs.

Gustave. — Il y a des raisons sans doute, monsieur, pour que les végétaux croissent dans une contrée plutôt que dans une autre ?

Le maître. — De très puissantes raisons, mon ami, qui toutes se résument dans ce fait, que les plantes, selon la diversité de leur nature, ont besoin de températures diverses. Les unes demandent la chaleur, les autres le froid, une grande partie un climat tempéré. De là, il résulte que certaines espèces de végétaux sont resserrées sur une médiocre étendue de terrain, et que d'autres se retrouvent au contraire dans une foule de pays ; l'espace étroitement ou largement limité que renferme l'habitation de chaque espèce s'appelle son *aire*.

Henri. — Alors les arbres des pays chauds ne croîtraient pas en France ?

Le maître. — Dans le midi, quelques-uns, peut-être ; mais la plupart de ceux que nous voyons en Europe n'ont pris un développement, ordinairement incomplet, qu'à force de soins et de précautions dans des serres chaudes, chauffées à la température du climat de leur *aire*. Une grande preuve, **mon ami**, que la chaleur est pour beaucoup dans la vie des végétaux, c'est le résultat au point de vue botanique de l'ascension des voyageurs sur les montagnes. Au bas des Alpes, par exemple, dans la vallée, le voyageur cueille nos fleurs des champs, puis, un peu plus haut, les plantes connues sous le nom d'alpestres, comme les armoises et les saxifrages. Les premières pentes de la montagne sont ombragées par les noyers et les châtaigniers, puis des bois de bouleaux, de chênes et de hêtres lui servent de ceinture ; à huit cents mètres les chênes et à mille, les hêtres disparaissent. Puis les arbres verts, sapin, mélèze et pin commun, se succèdent en étages jusqu'à dix-huit cents mètres. Alors ce sont les aunes seuls qui forment d'humbles taillis, la température est beaucoup plus froide. Le rhododendron, ou rose des Alpes, précède en arbrisseau des plantes plus basses nommées alpines, comme les gentianes, etc. ! A mesure qu'on s'élève, la végétation s'appauvrit, devient capricieuse, puis rare, et se termine, avant la région des neiges, par des lichens qui rompent à grand'peine de leurs nuances la teinte grisâtre et monotone des rochers, et l'on est rendu de température plus froide en température plus froide à ces étages des montagnes ou nul végétal n'a raison de croître, puisque nul animal n'y peut exister !

Henri. — Je comprends bien que le froid est nuisible à certaines plantes, mais dans les pays chauds, elles doivent toutes se trouver à l'aise et croître avec vigueur et rapidité.

Le maître. — La végétation dans les pays chauds est très rapide et très vigoureuse en effet, mon ami. Cependant ce serait une erreur de croire que toutes les plantes puissent s'accommoder de la grande chaleur. Voyez plutôt dans nos pays, les jardiniers, chercher avec raison la fraîcheur et l'ombre pour certains végétaux dont ils connaissent la nature et les besoins. Comme renseignement général, et au sujet des céréales qui sont la base de l'alimentation sur la terre, nous voyons dans les contrées froides, la Scandinavie, cesser la culture des céréales, sous le degré où nous voyons aussi les arbres cesser.

En Ecosse, en Norwège, dans la Suède et dans la Sibérie, l'orge et l'avoine sont la récolte du nord, au midi de ces contrées et dans le nord de l'Allemagne, le blé commence à être en honneur, mais sa grande culture occupe surtout l'Europe centrale, la Hongrie, la Crimée, le Caucase et l'Asie centrale. C'est aussi dans ces pays que la vigne produit le raisin, pour remplacer la bière par le vin. Plus au midi de l'Europe et de l'Asie aussi bien que dans l'Inde, l'Egypte et les pays du même climat, le blé est cultivé conjointement avec le riz et le maïs, puis, en Asie méridionale, le riz, et en Amérique, le maïs.

La vigne, dont le jus est si vanté, demande une température moyenne, et la pomme de terre, cette ressource précieuse des pauvres ménages, ne demande pas un climat trop chaud. Mais des détails sur la *station* et *l'habitation* de chaque végétal nous entraîneraient trop loin et sortiraient du cadre de nos études. J'aime mieux vous demander, mes amis, quels sont, à votre avis, les arbres à fruits ou les plantes les plus connues qui sont originaires de nos pays ? Je parle de l'Europe.

Louis. — Le blé, monsieur.

Le maître. — Oui, je viens de le dire.

Georges. — La vigne.

Le maître. — Non, la vigne est originaire de Nysa, dans l'Arabie heureuse, les Phéniciens l'ont apportée sur les bords de la Méditerranée, et Jules César, quand il vint conquérir les Gaules, trouva des vignes magnifiques à Marseille et à Narbonne.

Pierre. — La pomme de terre, alors !

Le maître. — Pas davantage. La pomme de terre vient d'Amérique, les Espagnols l'ont importée en Europe après la conquête du Pérou, et ce fut Parmentier qui parvint à grand'peine à la faire accepter en France, il n'y a pas encore un siècle, vers 1788.

Paul. — Les haricots, au moins !

Le maître. — Eh non ! les haricots viennent de l'Inde et de l'Amérique, même les haricots d'Espagne.

Eugène. — Le cerisier !

Le maître. — Pas encore ! C'est le fameux gourmand Lucullus qui, après avoir battu Mithridate, roi de Pont dans l'Asie-Mineure, rapporta le cerisier à Rome, l'an 680 de sa fondation.

Henri. — Vous nommez aussi toujours des végétaux qui flattent la gourmandise ! Le lilas n'est-il pas de chez nous, monsieur ?

Le maître. — Vous n'êtes pas plus heureux. Le lilas est originaire de Perse. Il fut introduit en

Europe, en 1562, par Busbecq, ambassadeur de Ferdinand Ier, empereur d'Allemagne, près de Soliman II.

Gustave. — Il n'y a plus que moi, pour sauver la patrie. Le figuier est-il nôtre, enfin ?

Le maître. — Battu encore ! Le figuier a été apporté d'Asie par les Phocéens, lorsqu'ils sont venus fonder la colonie de Marseille.

Eugène. — Nous n'avons donc rien pour notre pays ?

Le maître. — Si, vraiment, mon ami. D'abord le noisetier, le poirier, le pommier, nous appartiennent comme arbres à fruit, puis nous en avons de si anciens en Europe, que nous pouvons les réclamer comme à nous, le noyer, le châtaignier ; en d'autres genres : le lin, le cotonnier, l'olivier. En qualité de légumes, le chou et toutes ses variétés sont éminemment européens et ont pris origine au *nord de* notre continent.

Georges. — Et les pruniers ?

Le maître. — Ce sont les croisés français qui nous les ont apportés d'Asie, d'où nous viennent encore l'abricotier importé à Rome au commencement de l'ère chrétienne et l'amandier introduit en France au XVIe siècle. Parmi les autres plantes en usage dans notre pays, citons encore le melon, que Charles VIII rapporta d'Italie, après ses conquêtes en 1686. L'échalotte, un ail cultivé en France depuis le xIII⁵ siècle et qui vient d'Ascalon, en Palestine, d'où il a tiré son nom. Le tabac, originaire d'Amérique et que Nicot apporta du Portugal pour l'offrir à Catherine de Médicis, enfin le citron de Chine, dont les croisés ont répandu en Europe l'usage à leur retour dans leurs foyers.

Henri. — Alors de tous ces renseignements il faut conclure que nous devons presque tout, en fait de plantes utiles, aux pays étrangers.

Le maître. — Non, mon ami, parce que les autres pays nous empruntent nos produits, de même que nous leur empruntons les leurs. C'est un échange de bons procédés. Il vaut mieux conclure, mon enfant, et ce sera le dernier mot de nos entretiens pour cette année, il vaut mieux conclure : que nous devons à la science et à notre application à l'étude, la connaissance des végétaux et de leurs usages ; à l'industrie et à l'agriculture : la naturalisation des plantes utiles aux différents point de vue ; et enfin à Dieu, créateur de la nature, l'avantage que nous retirons des différents règnes de cette nature mieux *appréciée* et mieux connue parce qu'elle est mieux étudiée.

QUESTIONNAIRE ET SUJETS DE DEVOIRS

1° *Qu'est-ce que la station d'une plante ?*

2° *Qu'est-ce que l'habitation d'une plante ?*

3° *Quelle est la raison de la diversité d'habitation des plantes ?*

4° *Qu'appelle-t-on l'aire des végétaux ?*

5° *Donnez une idée de la végétation sur les montagnes ?*

6° *Donnez un aperçu de la géographie des céréales ?*

7° *D'où sont originaires : le blé, la vigne, les pommes de terre et les haricots ?*

8° *D'où sont originaires : les cerisiers, les lilas, les figuiers ?*

9° *Quelles sont les espèces européennes parmi les fruits et les légumes ?*

10° *Quel est le pays d'origine des melons, des pruniers, des échalottes, du tabac et du citron ?*

TABLE DES MATIÈRES

SAINT-QUENTIN. — IMP. J. MOUREAU ET FILS.

V. SARLIT et Cie, Libraires-Éditeurs
Rue de Tournon, n° 19, à Paris.

BOTANIQUE ÉLÉMENTAIRE

des Écoles

PAR

THÉOPHILE MONGIS, professeur.

1 volume in-12, 75 figures explicatives. . .   1 fr. 25

L'auteur a scrupuleusement suivi les programmes universitaires les plus récents, et, sous forme de dialogues pleins de mouvement et d'intérêt entre un maître et ses élèves, il a réuni et rendu accessibles à tous les notions les plus indispensables à l'étude des végétaux. La manière dont le sujet a été traité présente aux élèves un livre de lecture attrayant et instructif, et aux maîtres un thème fertile pour les leçons de choses dont on fait tant de cas aujourd'hui.

Ce livre, par son incontestable utilité, sa forme nouvelle et piquante, sera promptement classé parmi les plus populaires du genre.

Un coup d'œil jeté sur la table analytique de l'ouvrage en fera l'éloge bien mieux que toutes nos appréciations :

A LA MÊME LIBRAIRIE

Petite Encyclopédie, premières notions des sciences usuelles. Les minéraux. — Les végétaux. — Les animaux. — Les métaux. — Les combustibles. — Les aliments. — Les matières textiles. — Les météores. — Les astres. — Le calendrier, par M. Maigne. Nouvelle édition, revue et complétée. 1 vol. in-12 orné de 100 gravures.. **2 fr.** »

La Science et ses découvertes expliquées à tous, ou Excursion scientifique en France, par M. E. Schnaiter, officier d'état-major. 1 vol. in-8 orné de 24 grav. 2e édit... **2 fr. 50**

Lectures sur les découvertes dans l'industrie et dans les arts, livre de lecture courante à l'usage des enfants de 12 à 15 ans, par M. Mazure, inspecteur de l'Université. 4e édition. 1 gravure. In-12 cart.. **1 fr.** »

Simples causeries agricoles, livre de lecture à l'usage des écoles, par M. Naudet, officier de l'instruction publique, maître-adjoint à l'Ecole normale de Laval. 1 vol. in-12 cart. **1 fr. 50**

Le Buffon de la jeunesse, choix des plus beaux morceaux : curiosités, mœurs et habitudes des animaux. 1 vol. in-8 orné de 8 gravures.. **2 fr. 50**

Le Buffon des écoles, choix des plus beaux morceaux pour les bibliothèques scolaires. 1 vol. in-12, 5 gravures...... **1 fr. 50**

Leçons élémentaires de *Physique*, par A.Chaillot, in-12 **0 fr. 80** Propriétés de la matière. Pesanteur. Mouvement. Leviers. Siphon. Gaz, Aérostats, etc.

Leçons d'Histoire naturelle, *Physiologie, Zoologie*, in-12 **0 fr. 80**

Leçons d'Histoire naturelle, *Botanique* et *Physiologie végétale*, in-12.. **0 fr. 80**

Notions élémentaires de *Physique*, à l'usage des écoles normales primaires et des maisons d'éducation, par E. Douliot, professeur. In-12, avec 9 planches.................................... **2 fr. 50**

SAINT-QUENTIN. — IMPRIMERIE J. MOUREAU ET FILS.

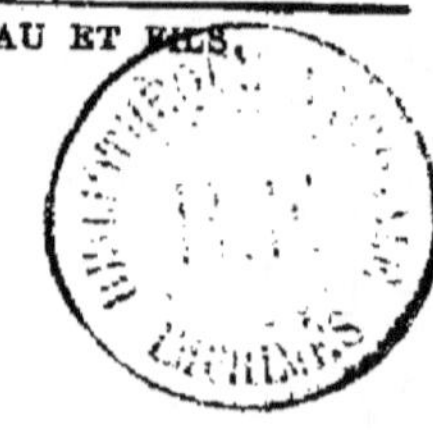